Que sais-je ?
Que suis-je ?

Yves Pouliquen
de l'Académie française

Que sais-je ?
Que suis-je ?

Pas à pas et tous comptes faits !

« Au lieu de cette philosophie spéculative, qu'on enseigne dans les écoles, on en peut trouver une pratique par laquelle, connaissant la force et les actions du feu, de l'eau, de l'air, des astres, des cieux et de tous les autres corps qui nous environnent, aussi distinctement que nous connaissons les divers métiers de nos artisans, nous les pourrions employer en même façon à tous les usages auxquels ils sont propres, et ainsi nous rendre comme maîtres et possesseurs de la Nature. »

DESCARTES, *Discours de la méthode.*

« Dans l'Univers tout est uni. Cette vérité fut un des premiers pas de la philosophie ; et ce fut un pas de géant. »

Diderot,
Pensées sur l'interprétation de la nature.

« La science est la chronique des religions mortes. »

Oscar WILDE.

« Cette vie-ci, ta vie éternelle ! »

NIETZSCHE.

Prologue

Ce n'est qu'à l'approche de la mort que l'on s'interroge sur ce que fut vraiment le sens d'une vie dont on vécut la plupart des minutes dans l'alternance des bonheurs et des malheurs que nous offrirent les jours et dans l'ignorance de ce que nous sommes vraiment : un corps, un assemblage matériel inouï remarquablement adapté à l'environnement et un esprit dont l'agilité nous permit de cultiver davantage l'espoir que la douleur en cette condition pourtant inopportune qui nous oblige à mourir. Une vie prêtée, en somme, à laquelle on donne mille raisons de nous l'avoir accordée puisque nous en avons joui et que nous l'avons aimée. Comme s'il s'agissait d'un conte dont il s'imposait à nous qu'il ait une fin, mais dont la finalité pourrait être tout autre.

Chacun à sa manière, et sans doute depuis les premiers temps, a rêvé d'ajouter au terme de sa vie terrestre une éternité à lui promise, en laquelle il aurait plus ou moins confusément le souvenir de ce qu'il aurait vécu, de ceux qu'il aurait quittés ou surtout de ceux qu'il retrouverait, autant qu'il s'en souvienne. Voire de ressusciter, de revivre ? D'être récompensé ou condamné ? Une finalité morale que les religions surent orner d'une présence attachée à chacun des humains, tout autant rassurante que contraignante, voire intolérante. Une option livrée depuis des millénaires à l'humanité et dont personne ne se plaindrait si, au lieu de rassembler, elle n'opposait les hommes en de cruelles rivalités. Une option abandonnée par d'autres et dont je suis, se référant à ce que j'appris de la science et qui fit de moi un élève impatient de connaître, un étudiant que fascina l'approche de la biologie et le médecin qui, au chevet de l'homme, ne cessa de s'interroger sur les raisons de sa véritable nature – en un mot, sur le sens de sa présence sur cette planète, unique en ce qu'elle sut accueillir la vie.

Pourquoi est-ce en la Bretagne de mes lointaines origines qu'il m'en vient le goût d'en faire la confidence ? Peut-être parce que les promenades que j'y fis en les beaux jours d'un été étonnamment ensoleillé me permirent d'y retrouver, une fois encore, le temps et l'espace favorables à des méditations dont je ressassais depuis longtemps l'obsessionnelle présence. Des méditations qui trouvèrent leur fondement dans l'étude passionnée de l'histoire des hommes, de l'incroyable curiosité qui anima leur vie, de leur obstinée quête d'une vérité scientifique troublant une autre Vérité, celle qui se voulait révélée et inviolable, au risque même d'en mourir. Des méditations enfin qui, auprès de l'homme malade, me rendirent si évidente la fragilité humaine, celle qui fait d'un symptôme le signal d'une fin imprévue, transformant cette vie que l'on pourrait quitter en un havre de bonheur, fût-elle misérable.

Cette fragilité partagée, j'ai pensé en réduire la prégnance en ne cessant de me référer aux causes fondamentales de la vie, qui firent de nous ce que, malgré tout, nous sommes : des êtres capables de grands exploits et pensants. Une gageure en vérité, mais si profitable.

Tous comptes faits

Quatre-vingt-deux ans, c'est mon âge. C'est une vérité qui désormais s'impose à moi, quotidiennement, un rappel qui, chaque matin quand j'ouvre les yeux, me saisit avec tout ce qu'il comporte de mathématiquement estimable dans la durée d'une vie qu'il me reste à parcourir. Dire que j'en souffre serait mentir, car j'ose affirmer que je ne connais la réalité de mon âge que parce qu'elle m'est imposée par ceux qui me regardent et sans faille me l'attribuent. Avec une petite vanité j'apprécie qu'ils en atténuent souvent le verdict, en m'accordant quelques années de moins. Le font-ils par complaisance ou par conviction ? Qui le sait ? À vrai dire, ces quatre-vingt-deux ans ne me sont pas encore trop lourds. Mon cœur qui, il a quelques années, battait la chamade, au gré d'une valvule mitrale décrochée, s'est trouvé rajeuni par la main d'Alain Carpentier, ami cher et salvateur auquel je pense avec gratitude presque chaque jour. Depuis lors, si j'ai appris à me préoccuper de ce cœur, à m'attendrir sur l'énorme travail qu'il fait chaque jour pour que je survive, à penser avec curiosité à l'anneau de plastique qu'il contient, au synchronisme retrouvé de ses myriades de cellules, je sais aussi lui faire assez confiance pour que je maintienne l'apparence d'une vie active et normale avec le soutien de quelques médicaments. Aussi goûté-je de cette façon la valeur de chacun des jours qui me sont offerts.

Si je me fie aux statistiques concernant la durée moyenne de vie des Français, j'ai dépassé de quelque six années le ratio masculin, et il me faut considérer que chacun des jours supplémentaires qui me sont accordés est une offrande sans prix et me bien garder de leur trouver quelque fadeur. C'est que, quelle que soit ma propre destinée, c'est en centaines de jours que je dois compter ma survie, ou mieux en milliers, trois mille peut-être si je vis jusqu'à 90 ans. Au rythme où passe chacun de ceux de mon âge, j'en entrevois la fin rapidement. Mon aventure se termine demain.

C'est ce dont j'ai conscience en ce moment sur la plage que je parcours, en total contraste avec le plaisir que j'y éprouve ; et cette paradoxale situation ne laisse de m'intriguer, celle qui fait de moi un condamné à mourir bientôt et qui parvient à en méconnaître la terrible sentence au point de savoir jouir sans mélange de l'instant présent. Ainsi est l'homme. Ainsi suis-je pathétique et jubilant. Jouisseur aussi puisque, sur cette immense plage que je parcours alors qu'elle est en cette heure déserte, je livre mon torse bronzé et frisé de ses rides aux tièdes caresses d'un vent d'ouest mourant en ce soir d'été. Je respire avec conscience l'air léger qu'il m'apporte et cherche à en porter la fraîcheur jusqu'au plus profond de mes bronches, tandis que je pose mes pas sur le miroir qu'offre au ciel encore clair le sable mouillé qu'a découvert une mer très basse.

J'aime y retrouver le contact du sable qui roule sous la plante de mes pieds nus et l'irritation discrète en timide chatouillement qu'il fait naître, celui que depuis mon enfance je retrouve et attends et qui, bizarrement, me reporte au temps de celle-ci, quand, sur une autre plage, la mer qui, semblant disparaître de l'horizon deux fois par jour, tant ses flux et reflux étaient amples, offrait, avant d'y revenir au galop, cette aire de jeux que nous piétinions jusqu'à l'épuisement. J'aime aussi la caresse de la jeune vague qui, à la marée montante, cerne mes chevilles, celle qui dessine en ce va-et-vient, sous nos yeux, ces arabesques mêlées qui, à la manière d'un feu, capturent notre regard et dont l'inlassable répétition semble mesurer aussi notre temps. Chaque vaguelette qui se retire, chaque autre qui revient scande ainsi la durée de mon petit voyage. J'aime enfin perdre mon regard, désormais un peu ébloui, sur l'horizon de cette baie, ce ponant brumeux qui s'apprête à capturer un soleil déclinant dont on pourrait croire qu'il s'accroche, sûr de son destin, aux nuages qu'il éclaire de ses feux et qu'il drape d'or ou d'andrinople. J'y scrute les contrastes d'une aquarelle impossible à faire et, par là même, j'imagine toutes celles que ces crépuscules marins, comme les aubes, m'ont inspirées depuis plus de cinquante années et dont l'inventaire me paraît désormais inépuisable.

J'admire l'harmonieux décor d'une petite méduse échouée sur le sable qui segmente de traits bruns son dôme translucide et, le dirai-je, sa mort ne m'est pas insensible, tout comme la vie de la moindre puce de mer dont l'existence même m'est devenue, avec l'âge, précieuse. Avec l'une comme avec l'autre, j'ai tant de points communs – ceux que la biologie m'a démontrés – que je ne puis désormais négliger leur vie aussi bien que leur mort. Nous les avons en partage et nous recelons donc ensemble les mobiles de notre animation, aussi bien que de notre fin. Je ne puis m'empêcher de penser, à l'instant, qu'avec elles je partage les effets de gènes dont certains – restés inscrits dans mes propres chromosomes – sont la mémoire de millions d'années de vie.

Savoir que mon œil d'ophtalmologiste s'est développé sous l'influence d'un gène architecte qui ne diffère guère de celui qui sait construire l'œil de la mouche du vinaigre m'investit de respect pour ce petit insecte encombrant et prolifique. J'extrapole, avec un plaisir qu'il me faudrait éclairer, ce sentiment à l'ensemble des êtres vivants avec lesquels nous partageons ces étonnants façonnages. À penser cela, il m'est même devenu difficile d'accepter de devoir ma survie à la mort de ceux d'entre eux que nous tuons quotidiennement comme les lois de la nature nous y contraignent, à la manière de ce qu'elles imposent aux êtres vivants des jungles, des savanes ou des mers. Faisant de ce monde par ailleurs si séduisant une immense enceinte criminelle dans laquelle le mobile de chaque être vivant est de tuer l'autre, de ravir sa vie afin de sauver la sienne au sein d'un monde végétal florissant apparemment impassible et sans âme. Une insigne cruauté que nous nous efforçons d'oublier.

L'interrogation que je me pose sur le vrai sens de ma présence sur cette magnifique plage en ce temps précis de ma vie n'en reste pas moins essentielle. Une interrogation qui se voudrait riche d'une réponse à ce « que suis-je donc en vérité ? ». Non pas « qui suis-je ? », nuance de notre langue. Non, bien sûr, mais une interrogation qui se veut anonyme tout autant qu'universelle et commune à tous les hommes. Non pas ce « qui » supposant une mise en comparaison avec mes semblables sur fond de société ou de compétition physique, morale ou intellectuelle ! Non, un « que » impersonnel, comme s'il s'agissait d'une chose sans idée préconçue, sans *a priori*, mais uniquement abordée avec le sentiment de « ne recevoir aucune chose pour vraie que je ne la connusse évidemment être telle », qui laissait au génie de Descartes un vaste espace de liberté en lequel l'intuition et la quête de preuves avaient une si belle part. Des preuves désormais accumulées, confirmées en une progression arithmétique confondante, qui nous permettent d'ouvrir le grand livre de nos origines et, si modestes que nous soyons, de les fondre en la grande histoire de l'Univers.

De Descartes, quatre siècles nous séparent pendant lesquels la philosophie dut intégrer progressivement les étonnantes précisions qu'une science au fabuleux progrès lui imposait. Le verbe en a considérablement souffert et la liberté d'imaginer s'en est réduite à l'aune des progrès de la biologie, de l'évolutionnisme, de l'anthropologie, de la cosmologie, de la physique et des mathématiques elles-mêmes étroitement associées à la compréhension des mécanismes moléculaires qui conditionnent la vie. Cet ensemble de faits que l'intelligence obstinée des hommes sut tirer de méthodologies diverses, s'il n'offre qu'un état provisoire et très incomplet de notre savoir, ne nous en permet pas moins de définir pour une bonne part ce que nous sommes vraiment. L'évidence des constats, l'accumulation des preuves, la confirmation des théories, le consensus qui les impose sont autant d'arguments qui réduisent à néant nombre des croyances des hommes, celles qu'une idéation avait imaginées ou imagine encore, afin de les aider, les consoler, les rallier, les guider, les influencer, voire les soumettre et, plus précisément, les incliner à croire qu'ils sont l'objet quasi exclusif des préoccupations d'un Dieu qui n'aurait eu d'autre tâche que de les concevoir, de créer le monde à leur intention, de leur en offrir toutes les ressources et d'induire un ordre moral auquel il conviendrait de se plier.

On ne peut nier toutefois que la stricte connaissance des étapes qui précédèrent pendant des centaines de millions d'années notre apparition sur l'échelle du vivant – en son sens le plus inconditionnellement rationnel – nous contraint à en réviser le lénifiant message, peut-être même à le traduire en une triste évidence, celle qui propose à notre singularité une naissance et une fin en un très bref et très tardif instant dans l'aventure de l'Univers. Faire de l'homme l'objet d'une Volonté lui réservant un rôle particulier, lui promettant « une vie d'après » le rassure dans l'illusion que rien ne sera oublié de ce très court passage. À l'opposé n'être que ce Moi biologique et pensant, si transitoire entre un néant d'avant et un néant d'après, pourrait n'être que la source d'une profonde désillusion, portant immanquablement à s'interroger sur les « causes premières », comme le firent si ardemment tous nos ancêtres, celles que les religions monopolisèrent, et sur les liens qu'elles entretiennent avec notre destin de mortel. Cependant, prendre conscience de tout ce qui précéda cette existence, l'organisa, la réglementa, n'est-ce pas l'inscrire dans une autre dimension non moins fabuleuse, celle de l'Univers, duquel tout ce que nous sommes dépend vraiment, reportant ainsi notre matérielle naissance aux confins de son origine, il y a des milliards d'années, peuplant cette nuit d'avant nous d'un fantastique chemin, celui que la perspicacité et l'intelligence des hommes ont su au fil des siècles nous retracer, nous faisant les héritiers privilégiés des millions d'essais évolutifs qui façonnèrent, au travers de la chaîne du vivant, ce que nous sommes physiquement et mentalement, nous confirmant que rien de nous ne meurt, sinon la conscience ? Est-ce si grave ? Faut-il craindre la profondeur de la nuit d'après ? Ou l'accepter à la manière de Jean Cocteau qui faisait de cette nuit qui nous attend l'exacte réplique de celle qui nous précéda et dont nous n'avons guère de mauvais souvenirs ?

La recherche d'une évasion métaphysique est cependant consubstantielle au développement de la pensée des premiers hommes et depuis lors fortement ancrée en eux. Ils transformèrent peu à peu la relation qu'ils entretenaient avec les dieux, leurs protecteurs ou juges, en une pensée métaphysique de plus en plus élaborée. Les pratiques des diverses religions qui en naquirent et qui se sont imposées, des plus simplistes aux plus accomplies, sont pour des milliards de nos semblables inscrites en leur vie à la manière d'un recours ritualisé et nécessaire sans lequel celle-ci n'aurait guère de sens. Une croyance épousée ou consentie, voire imposée, partagée par le plus grand nombre, mais reposant sur des dogmes battus en brèche par les successives découvertes des hommes de science, que certains payèrent de leur vie.

Que de bûchers allumés çà et là pour le leur faire payer ! Les libertins des xve et xvie siècles préparèrent à bien des égards les arguments que les philosophes des Lumières exprimeront avec hardiesse et conviction. Pierre-Jean-Georges Cabanis (1757-1808), qui s'en fit le traducteur aux premiers frémissements de la Révolution de 1789, alla plus loin encore en condamnant l'exploitation spirituelle des hommes par des religions qui ne recherchaient dans leur rigidité morale qu'à subordonner les peuples à leur pouvoir temporel. Écrivain sincère, il reconnaissait cependant chez l'homme le besoin inné de quelque volonté supérieure, capable de tenir compte de ses peines et de l'implacable fatalité pour lui de mourir. Il n'est guère besoin d'exemples pour justifier cette inclination. La chute du communisme russe le démontra quasi expérimentalement. La politique d'éradication de la religion qu'entretinrent les dirigeants de l'URSS pendant plus de soixante-dix ans, à grand renfort de musées de l'athéisme, fut rapidement contredite par un retour en masse du peuple vers elle, démontrant à l'évidence que le censurer spirituellement n'avait pas éteint chez lui le besoin de subordonner sa vie à une puissance divine, lui redevenant familière et nécessaire. Il n'y aurait nulle raison de s'en plaindre si cet engagement confessionnel ne conduisait à des situations opposées à ce que l'on en pourrait attendre : des tensions entre les dogmes, des affrontements violents ou, tout simplement, l'entretien d'idées et de concepts radicalement opposés à la vérité scientifique. À ce constat, n'est-il pas raisonnable de s'interroger sur les conséquences néfastes d'un enseignement conduisant des millions de sujets à adopter des idées fausses, celles qui, comme le créationnisme, pour ne citer que le plus extravagant des exemples, affirment que l'homme ne fut créé que récemment, il y a quelques millénaires, et niant ainsi toutes les preuves scientifiques relatives à ses vraies origines ? Bien d'autres thèmes en ce domaine poussent les hommes à exalter leur passion autour d'une dite vérité qu'ils s'approprient aux dépens de toute autre, au risque, hélas, de vouloir en convaincre par la force ceux qui ne la partagent pas.

Est-il raisonnable en notre XXIe siècle que des idées ruminées et enseignées au cours des siècles passés fassent l'impasse sur cinq cents années de progrès dans la connaissance de ce qu'est l'homme, ce que sont ses véritables origines et, au-delà de cela, de ce que signifie sa présence en cet Univers immense qu'il perçoit en son ciel étoilé ? Nulle intention dans mon propos de nier l'aspiration des hommes à orner leur vie d'une métaphysique ou poétique à leurs fins utiles, mais un désir profond d'éclairer, au-delà de leur adhésion spirituelle, les réels fondements de leur origine dont, la plupart du temps, ils ignorent tout ou presque. En un mot, attirer leur attention sur ce qu'ils sont eux-mêmes véritablement et, osons le dire, *matériellement*. Leur dire en confidence qu'il est une autre forme de béatitude fondée sur le constat de l'extraordinaire aventure de leur être biologique et de l'homéostasie remarquable qu'il entretient sur une Terre dont ils peuvent comprendre que la création répondit à des critères n'autorisant *a priori* aucune spéculation sur la naissance de l'être humain 4 milliards d'années plus tard.

II

Passant,
te sais-tu né des étoiles ?

Il vous est sûrement arrivé, comme à moi-même, en vous rendant à votre lieu de travail, de goûter au milieu de vos semblables les derniers instants de liberté avant que ne s'imposent les tâches qui vous attendent. Et de vous interroger sur ce que chacun de vos voisins peut penser de sa condition humaine, celle qu'a forgée depuis l'enfance l'éducation familiale, scolaire et religieuse et la part critique qu'il lui réserve. Je jure que cette enquête ferait une place infiniment plus grande à la croyance – ce que je dénomme ainsi comme dépourvu d'une référence à une authenticité démontrée – qu'à la connaissance. Avec le correctif nécessaire qu'impose naturellement le degré de culture de chacun d'entre nous, il me paraît qu'il ne serait pas plus dommageable à leur personne de placer la révélation biologique de ce qu'ils sont – car liée par continuité aux règles de l'Univers – au même rang que celui de leur croyance !

Il est vrai que l'enseignement secondaire a adopté depuis plusieurs années un programme biologique d'une réelle qualité, mais celui-ci, hors du fait qu'il puisse souffrir d'insuffisances contingentes, ne conduit pas toujours aux fins qu'on lui suppose, plus précisément, à la place de l'homme dans la longue chaîne du vivant, elle-même intimement liée au monde cosmique qui l'accueillit et la forgea. On peut concevoir, bien sûr, que la perception précise de l'incroyable aventure biologique qui nous a faits tels que nous sommes, en relativisant la propagation entretenue d'idées « supposées », ne nuise aux aspirations métaphysiques auxquelles chacun peut tendre. Mais est-il concevable par ailleurs que cette option culturelle relative à l'homme en ce qu'il a de plus précieux, les motifs biologiques de sa vie, lui soit occultée ? La compréhension de ce qu'il est réellement, dépositaire privilégié d'une part du monde vivant, ornée d'une pensée qu'anime une intelligence incomparable, exige qu'il s'interroge sur sa véritable et lointaine origine, celle qui la fonde aux linéaments de l'Univers. Une découverte qui n'en est pas moins merveilleuse dans ses surprises que le plus alléchant des contes. En somme, disposer d'une réponse rationnelle à la question, plus ou moins consciente, mais angoissée que se posa l'homme lorsqu'il abandonna sa parure d'hominidé et qu'il se perçut mortel.

Car on peut imaginer que c'est sous des cieux hostiles et pleins de fureur qu'il composa ses premières réponses, prêtant à l'extrême puissance des forces qui l'accablaient une domination qu'il crut bon d'amadouer par des prières et des sacrifices, créant autant de dieux que de peuples, bons ou mauvais, auxquels il lia son sort. Longue période à laquelle succéda celle des polythéismes égyptien et grec, ornementés d'une mythologie savante ou savoureuse, celle des monolâtries intéressées portant un peuple au culte d'un dieu personnel assurant sa protection contre un voisin doté lui-même d'un divin protecteur. Monolâtrie d'où sortit, sous l'inspiration du peuple juif, le monothéisme dominant de notre ère[1], celui que se partagent désormais trois religions auxquelles adhère la moitié de l'humanité, héritées du Livre, dont les prophètes sont censés en avoir écrit sous la dictée de Dieu les lois destinées aux hommes. Monothéisme dont on aurait pu croire qu'au travers de ses trois traductions juive, chrétienne et musulmane il ait pu contribuer, par les liens unissant les hommes avec ce Dieu unique qui les protégeait et les guidait, à l'avènement d'un état fraternel et serein.

On sait ce qu'il en advint et ce qu'il en résulte de nos jours. Si l'œcuménisme règne au sommet de la hiérarchie de ces Églises, il s'en faut de beaucoup qu'il en soit ainsi au niveau des pratiquants dont les affrontements tragiques marquent le monde. Si la Shoah fut une entreprise criminelle politique délibérée, elle n'en fut pas moins dirigée contre les juifs d'une Allemagne essentiellement chrétienne et étonnem-ment muette. Les menaces du pouvoir musulman iranien proférées contre Israël n'éludent pas cette même connotation religieuse. Les assassinats répétés au sein des communautés chrétiennes de par le monde illustrent de façon tragique ce qui devient une pratique ordinaire. L'agressivité des fonda-mentalistes musulmans d'ici ou d'ailleurs, vouant à la mort ou à la conversion les athées, les juifs et les chrétiens, ose souvent s'affirmer par des atrocités difficilement concevables.

Pour des raisons de dogme, on s'entre-tue même entre coreligionnaires.

À ces exemples terrifiants on ne peut que s'émouvoir que dans certains des collèges ou lycées de notre France profondément laïque des élèves refusent encore l'enseignement de toute vérité scientifique contraire à leur croyance. On ne peut que s'insurger devant l'opposition formelle que les créationnistes américains opposent à l'enseignement des acquis scientifiques, précisant les origines de l'homme. Et il n'est donc pas absurde de penser que cette opposition à ce qui est scientifiquement démontré et admis sur nos origines, quelles qu'en soient les modalités, ne recèle à terme les motifs d'affrontements violents qu'aucune raison ne pourrait dénouer.

Est-il dans ce cas déraisonnable d'imaginer aller au-delà de ces querelles en inscrivant nos existences en leurs véritables sources, en en appréciant les surprenantes motivations, la part de hasard et de nécessité, son formidable pouvoir d'adaptation à un environnement souvent hostile ? De découvrir que l'exceptionnel positionnement astronomique de notre planète fut capable d'en favoriser le cours ? De prendre acte enfin de l'originale adaptation de notre cerveau au cours des dernières centaines de milliers d'années, source de cette intelligence humaine qui permet de dévoiler une grande part de ce que nous sommes et de cultiver avec délice aussi bien la raison que le rêve ? De partager enfin cette communauté de savoir qui porte les hommes à déchiffrer de plus en plus précisément les motifs de leur existence, de comprendre à la fois l'extraordinaire capacité de leur adaptation et la fragilité de l'équilibre qui la leur permet ?

III

Le temps fuit, irréparable

« *Fugit irreparabile tempus.* »

VIRGILE, *Géorgiques*, III.

C'est donc sur cette planète au cœur en fusion qu'un jour on me fit naître bien malgré moi en vérité. Ce sont mes parents qui en ont pris la grave responsabilité et il ne me fut confié que l'obligation d'y vivre. J'ai pu recueillir de leurs rares confidences qu'ils m'avaient conçu dans un grand élan d'amour, aussi ont-ils au moins l'excuse de n'avoir pas su ce qu'ils faisaient en ce rut irrépressible qui les unit alors, celui que la Nature a diaboliquement placé comme l'une de ses œuvres implacables – la seule, diront les biologistes, qui la réduisent[1] à ce rôle impérieux.

Mais il n'en reste pas moins que je suis là avec tous mes ans, portant mes pas vers ce chemin d'où j'aime tant voir et écouter la mer, supputant les raisons d'un désir qui allia dans un cri sauvage les chromosomes chargés de me programmer et les risques incroyables encourus en cet instant qui m'imposait de vivre. Avec, pour l'enfant que je fus, l'obligation d'imiter et d'apprendre de ceux qui me précédaient l'ingrate leçon, celle qui impose de substituer à la lénifiante inconscience des premières années la dure réalité de lutter pour survivre. Et de trouver enfin dans la rassurante Connaissance les raisons de comprendre et d'espérer. Celle qui, en mes derniers jours, m'apparaît avoir conçu ma « bibliothèque intime » où je puise à la fois mes raisons d'être et le jouir des jours qui passent. En quelque sorte, celle qui me dit être le bénéficiaire heureux de cette longue évolution de l'homme me parvenant après des millions d'années, des milliers de générations et façonnée, ce me semble, en ses débuts de terrible manière[2]. Une aventure qui, nous dit-on, débuta il y a 7 millions d'années, date à laquelle se sont produites chez les primates les premières mutations nous distinguant de nos cousins les singes, d'où résultera l'offrande lointaine de la bipédie, de la libération de la main, d'une pensée et d'un langage rudimentaires, mais aussi, plus douloureusement, la fuite du temps, celui qui rythme nos heures, anticipe l'avenir et borne nos jours.

Non pas que cette conscience de la mort ait pu être notre seul apanage, les primates, leurs contemporains, prenant tout aussi bien conscience de la mort de leurs congénères, comme nombre d'autres animaux, mais sans peut-être en faire le terme fatal de leur état. Le premier des hominidés qui en fut réellement conscient traça notre destin. Faut-il lui en vouloir de s'être éveillé plus que les autres ? Peut-être. Il était sans doute plus facile de vivre au jour le jour dans l'inconscience du temps qui s'écoule et l'indifférence à tout ce qui n'était pas se nourrir ou copuler. Non, toutefois, si cette bibliothèque qui m'habite me permet de prendre en main l'analyse de mon destin et de faire de moi ce voyeur impatient d'en comprendre autant qu'il se peut le sens.

Mais le prix qu'il fallut payer pour en arriver là depuis l'origine de l'homme jusqu'à nos jours n'en fut-il pas exorbitant ? L'inquiétude soudaine, l'angoisse qui nous habitent parfois, nous les héritiers de ces premiers hommes, ne naquirent-elles pas dans ce perpétuel besoin de se nourrir et de se battre pour survivre et ne pas mourir ? L'angoisse, cette traduction mentale de leur peur viscérale et animale portée aux extrêmes, face au danger, et survivant en nous comme compagne urticante de nos vies, de notre idéation ou de notre imagination. Celle qui nous investit lorsque, enfants, nous comprenons que depuis que nous sommes nés cette offrande vitale ne fut qu'un leurre entretenu par les non-dits, voire les mensonges consentis qui oua-tèrent nos premières années. Celle qui va accompagner la découverte que nos parents sont mortels avant même de consentir à ce que nous le soyons aussi. Persuasion désormais lancinante, que nous enfouirons longtemps en nous-mêmes et que toute solution, fût-elle stupide, nous porte à oublier. Nous en perdons heureusement et avec le temps la prégnance en forgeant nos raisons de survivre dans un monde exigeant qui, s'éloignant des conditions pragmatiques que furent celles des illettrés, confrontent en une spirale ascendante notre savoir aux performances d'un monde de plus en plus compétitif.

On perd ainsi sa vie, mais on oublie. On la gagne aussi, mais on oublie. On se cultive et l'on cherche à comprendre. On lit et l'on fait des rencontres. On aime, on jouit et l'on oublie. Au vrai, oublie-t-on jamais ? Mais ce temps que nous consommons et dont le physicien peut contester la réalité nous paraît, vécu au jour le jour, inépuisable, si riche en surprises, bonnes ou malheureuses, que nous en perdons la mesure jusqu'à ce qu'enfin surviennent ces signaux des autres qui à la lecture de nos rides nous classent parmi ceux qui doivent partir, quitter ce monde où, bon an mal an, nous avons survécu. Aussi étrange qu'absurde, disais-je. Car nous efforcerions-nous de goûter chaque seconde de ce temps que nous avons négligée, et que nous regrettons sans doute, rien n'en serait changé pour ce vieillard que nous sommes devenu et qui doit partir.

IV

Et pourtant, elle tourne !

« *E pur, si muove !* »

GALILÉE.

Aussi le « Connais-toi toi-même », ce bel adage de Socrate qui aida les écoliers que nous fûmes à façonner leur ego, doit-il être conçu plus ambitieusement et refondé dans l'interrogation fondamentale de notre origine, bien au-delà de ce privilège intellectuel qu'offre l'esprit, vers cette audace scientifique qui a su en quelques milliers d'années répondre en partie à celle-ci et, par là même, nous démontrer l'extraordinaire aventure que fut l'émergence de l'homme en ces toutes dernières minutes de l'Univers qui le porte. Ce que je m'efforce de faire moi-même n'ayant cessé au cours de ma longue vie de me poser la même question : que suis-je, après tout ? Ce qu'une vie plutôt heureuse me permit de faire et au cours de laquelle il me fut donné par toutes sortes d'enseignements, d'expériences, de rencontres et de lectures de tenter d'y répondre ; de saisir dans ce que la science livrait aux hommes les circonstances réelles de ce qui fit que je sois ainsi « fabriqué » en ce temps et en ce lieu si infiniment étroits en l'Univers.

Je pourrais me satisfaire de me savoir l'héritier de plusieurs générations d'hommes et de femmes qui, par leurs rencontres, ont mêlé leurs sangs, celui d'une longue lignée de paysans du Finistère, ancêtres de mon père, dont il m'est encore possible de connaître les prénoms et les noms en chaque génération depuis trois siècles, et celui des ancêtres de ma mère, fait d'un mélange d'origines savoyarde, lorraine, voire polonaise aux confins d'un XIXe siècle naissant. Héritage suscitant chez les descendants de familles roturières analogues à la mienne des quêtes généalogiques dont elles espèrent se rassurer, voire se glorifier si quelque noble ou notable s'y retrouve branché. Certes, j'en suis moi-même comme rassuré par ces racines modestes et curieux de savoir que les porteurs de mon nom ont participé à l'édification de l'enclos célèbre de Guimillau, par exemple, ou que mon grand-oncle a été prêtre non jureur et guillotiné après la défaite des chouans à la bataille de Kerguidou en 1793. Leur histoire me permet d'apparier ma vie à la leur, ne doutant pas qu'il en reste en moi quelque écho, tout comme celui de mon arrière-grand-père maternel qui, fusillé au Père-Lachaise à 23 ans, en les ultimes jours de la Commune de Paris, vibre toujours en moi.

Oui bien sûr, mais est-ce suffisant pour répondre à ma question : que suis-je vraiment, au-delà de la barrière des parents immédiats et médiats ? En cet instant, le soleil disparaissant à l'horizon, après avoir dans son dernier feu incendié le ciel et la mer, m'impose l'idée qu'il ne m'est possible en qualité d'homme de l'admirer ou de le craindre que depuis quelques millions d'années, alors que son feu me précéda dans l'Univers d'années qui se comptent en milliards. J'en goûte à l'instant le lien que j'entretiens avec lui tandis que mes yeux en gardent les images colorées qu'à l'occasion d'un court regard jeté vers lui, il a allumées sur mes rétines. Relation intime et privilégiée avec celui qui depuis presque 5 milliards d'années conditionne le destin de notre planète et le mien. Ce Soleil auquel Copernic et Galilée rendirent non sans risque la place qui lui était due dans notre Univers. Ce Soleil qui accueillit dans son orbite cette planète qui m'en livre cette si belle image.

Chemin faisant me revient en mémoire ce que j'appris récemment d'André Brahic[1] sur ce bon Soleil qui nous éclaire et nous chauffe, vieux déjà de quelque 4,5682 milliards d'années. Le scénario de sa naissance semble relever d'un conte. Elle résulte, nous dit-il, de l'effondrement sur elle-même d'une vaste nébuleuse en un centre qui va devenir ce Soleil autour duquel graviteront des masses de gaz et de roches qui constitueront par leur agrégation les planètes à venir. Centre qui va se contracter en ce disque de feu, ce Soleil que nous connaissons et qui entretient depuis lors, à partir des réactions thermonucléaires qui l'habitent, liées à la fusion de l'hydrogène et de l'hélium, une source d'énergie considérable pour des milliards d'années. Notre Terre y trouvera sa place autour de lui un million d'années plus tard, il y a 4,46 milliards d'années, tout comme les autres planètes. Il est curieux d'apprendre qu'alors Jupiter dont la formation précéda celle de notre Terre détermina la position de celle-ci en « un bon endroit », la situant à bonne distance du Soleil, ni trop loin ni trop près, et contribua aussi à sa naissance et sa croissance. Un hasard aux conséquences heureuses qui la dotait de conditions favorables au développement potentiel de la vie.

Mais ce qui étonne encore davantage, c'est que cette situation exceptionnelle de la Terre, celle qui y favorisa le développement de la vie, fut le fruit d'un jeu interplanétaire fantastique, lié aux perturbations mutuelles que s'imposèrent les planètes géantes dans leur positionnement, et d'un bombardement massif de sa surface par des corps solides intersidéraux, environ 800 millions d'années après sa naissance, au moment même où y apparaissait la vie. Coïncidence étrange qui porte certains biologistes à considérer que ces bombardements eurent un rôle majeur dans l'apparition des premières preuves de vie sur notre planète et leur attribuant même la capacité de les avoir tout simplement importées, faisant de nous des descendants directs de l'Univers sidéral. Conditions qui pourraient d'ailleurs se retrouver sur les exoplanètes, ces planètes situées hors de notre système solaire et placées en orbite autour de leur étoile, que l'on découvre au fil des ans et que leur salutaire relation avec leur propre soleil pourrait rendre propices au développement de la vie, quelles qu'en soient les formes.

Ainsi ce vaste ciel détiendrait le secret de notre origine, de mon origine. Ne lisais-je pas récemment qu'un chimiste américain réputé, Steven A. Benner[2], prétendait avec de solides arguments que la vie était apparue sur Mars avant qu'elle n'arrivât jusqu'à nous, doutant qu'en ses débuts la Terre ait eu la capacité de favoriser le développement de la chimie « prébiotique » préalable à toute vie alors que Mars, selon lui, en eût été dotée ? Que ce soit ainsi ou que cette vie soit née sur notre seule Terre, on reste surpris qu'elle ait pu se satisfaire de telles conditions, qu'elle ait pu coloniser ce gros rocher de 12 000 kilomètres de diamètre sous la croûte martelée duquel se perpétue par radioactivité naturelle un feu d'enfer proche de 6 000 °C, celui dont les volcans nous livrent périodiquement de gigantesques et inquiétantes flammes et leurs laves incandescentes.

Un rocher grossièrement sphérique qui nous mène à notre insu en une ronde folle, tournant sur lui-même à la vitesse de 1 700 km/h, me déplaçant ainsi de quelque 440 mètres en une seconde, tandis que, pendant le même temps, il m'a fait parcourir 39 kilomètres sur son orbite autour du Soleil et que le Soleil lui-même en sa galaxie m'en a fait parcourir 200. Que la voie lactée même fonce à 90 km/s vers Andromède et que le groupe qu'elles forment toutes deux se dirige vers le superamas de l'Hydre et du Centaure à la vitesse de 600 km/s[3]. Un rocher agité dont le four infernal laisse planer sur le compromis qu'il entretient avec ce monde vivant qui l'a colonisé un étrange suspense mais que le Soleil chaque jour renaissant porte celui-là même qui pourrait s'en inquiéter à penser que rien n'est plus doux que d'y vivre et que d'y aimer. Un retour quotidien rassurant puisqu'il est prévu qu'il durera encore 4 milliards d'années.

Machine infernale en vérité que cette Terre qui poursuit depuis des milliards d'années sa course effrénée alors même que notre apparition, si récente sur elle, n'était pas prévisible, mais eut lieu au terme d'une évolution qui dura des milliards d'années puisque la vie y apparut il y a 3,46 milliards d'années, comme le suggèrent les structures fossilisées des cellules les plus anciennes. Laquelle Terre, née il y a 4,6 milliards d'années, ne s'inscrivait elle-même que loin du Big Bang, survenu quelque 9 milliards d'années auparavant.

Car, de ce Big Bang, tout a dépendu. De cette pharamineuse transformation d'une masse d'une grosseur infinitésimale en une énergie colossale sont nés tous les éléments d'un Univers dont nous partageons les constituants. Du feu d'artifice de ses étoiles sont nés par la fusion d'un neutron et d'un proton les atomes d'hydrogène et d'hélium qui entretiennent le feu du Soleil et, plus tard, de l'explosion des étoiles, tous les atomes lourds qui nous composent. L'eau que l'on boit doit son hydrogène aux premiers instants de la déflagration, mais aussi l'eau qui imprègne tous nos tissus, de même que le fer qui coule dans nos veines. Toute une panoplie d'éléments mis à la disposition de la vie à laquelle la déflagration initiale allait offrir, en constituant les planètes, l'opportunité aléatoire d'un habitat. Aléatoire en notre galaxie où le jeu de la gravitation allait placer soleils et planètes. Et dans laquelle, jusqu'à nos jours, seule notre Terre se situe assez loin de son soleil pour ne pas être brûlante et assez près pour qu'elle puisse bénéficier de son énergie.

Mais c'est un jeu de hasard qui la disposa ainsi et c'est aussi le hasard qui décida de l'inclinaison de son axe de rotation et qu'en soient nées les saisons. Grâce à la Lune. Il semble vraisemblance que celle-ci ait pu être arrachée de l'écorce terrestre à la suite de la violente rencontre de notre planète et d'une météorite monstrueuse, la plaçant en gravitation autour d'elle[4]. Lune qui, par sa position en satellite de la Terre, provoqua le ralentissement de sa vitesse de rotation, faisant des jours terrestres qui ne duraient que 6 heures avant le choc, alternant la chaleur caniculaire du jour et le froid glacial d'une brève nuit, des jours de 24 heures. Lune à l'heureux effet que, sans le savoir, vénéreraient les hommes, faisant de ce miroir du Soleil, ce fanal bleu de nos nuits, témoin de nos amours, aimé du poète, un voisin magique aux vertus imaginaires, mais surtout horloge de notre temps. Avant cette collusion imprévue des vents violents dévastaient notre planète au point de rendre impossible tout développement d'une vie à sa surface. Le rythme des marées que la Lune imposa avec ses flux et reflux y détermina enfin la durée définitive de nos jours. Une série d'effets totalement contingents dans le sens où ils survinrent dans une suite imprévisible de plusieurs événements hasardeux[5] et dont toute la suite dépendra.

Se peut-il qu'on voie dans ce positionnement de la Terre et dans les conditions astronomiques qui lui furent imposées une autre cause que le hasard ? D'autres n'y verraient sans doute que les effets d'une main divine ou d'un « dessein intelligent ». Comment expliquer alors que les huit planètes dont s'est entouré notre Soleil, celles qui se sont formées il y a 4,6 milliards d'années, n'aient dû leur constitution qu'à la position qu'elles avaient dans le disque entourant leur balbutiante étoile-soleil et, par voie de conséquence, leur destination ? Quatre d'entre elles seront solides, les *telluriques* : Mercure, Mars, Vénus et la Terre, les plus proches de lui, alors que quatre autres géantes seront *gazeuses* : Jupiter, Saturne, Uranus et Neptune, nées loin de lui et en demeurant éloignées. À la Terre seule revient présentement l'originalité d'abriter la vie, même s'il se peut que des conditions favorables au développement d'une vie élémentaire aient existé préalablement sur Mars ou ailleurs, ce dont on s'efforce de nos jours d'apporter les preuves.

V

Ne sommes-nous vraiment qu'atomes en sarabande ?

C'est donc sur cette Terre ainsi faite que j'existe depuis mon enfance et, lorsque je pense à ce temps lointain, j'en garde le souvenir heureux. Les événements qui le marquent et qui sous-tendent ce bonheur ne sont peut-être pas la résultante d'une sélection objective, mais un rappel entretenu volontairement de ceux qu'il nous fut le plus plaisant de retenir ; ou bien encore qu'une fixation photographique a retenus. Quelle qu'en soit la raison, ces souvenirs s'inscrivent en ma mémoire à la manière d'archives qui, chronologiquement, me fixent dans le siècle et semblent n'avoir été que des éléments fugitifs, des instants gravés dans mon corps anatomique, certes vieillissant, mais immuable en son volume et ses contours.

Ne suis-je pas d'ailleurs l'instrument permanent et stable de cet enregistrement d'événements successifs et labiles ? C'est du moins ce que je croyais jusqu'à ce que je prenne récemment connaissance de ces propos rapportés par Richard

Dawkins[1] : « Pensez à une chose dont vous vous souvenez clairement, nous dit-il, une chose que vous pouvez voir, ou sentir avec vos doigts, éventuellement avec votre nez, comme si vous étiez réellement là. Après tout, vous étiez réellement là à ce moment, n'est-ce pas ? Sinon comment vous en souviendriez-vous ? Mais tenez-vous bien : vous *n'étiez pas là*. Pas un seul atome se trouvant dans votre corps aujourd'hui n'était présent lors de cet événement… La matière fluctue d'un endroit à l'autre et se rassemble momentanément pour être vous. Et donc, quoi que vous soyez, vous n'êtes pas la substance dont vous êtes fait. Si cette idée ne vous fait pas dresser les cheveux sur la tête, réalisez-la jusqu'à ce que cet effet se produise car c'est important. »

Le physicien nous explique en effet que ce que nous voyons n'est pas le monde réel, mais « un modèle du monde réel régulé et ajusté par les données issues de nos sens ». C'est ce que notre cerveau a retenu à l'échelle de notre corps, et non pas à celle des atomes, sinon il serait capable de nous imaginer aussi vide que la roche et le cristal dont nous ne percevons que la dureté et la compacité. Se conformer à ce que la science nous apprend, c'est supposer l'existence d'une autre vision de nous-mêmes et en faire ce composé transitoire, en permanente instabilité et dont l'extraordinaire vide qui nous caractérise lie des atomes qui ne cessent de se mouvoir, de s'unir ou de se défaire en cette finalité « agitée » que nous sommes. Un vide tout aussi vertigineux que celui du cristal ou de la roche, mais toutefois plus fragile. Ne dit-on pas pour illustrer cette vacuité qui structure toute chose que si le noyau d'un atome est comparé à une mouche bourdonnant au centre d'un stade de sport, celui qui en est le plus proche se situe loin en dehors de ce stade ? Cette image illustrant une acquisition scientifique indiscutable qui veut que la roche la plus dure, la plus solide, soit « réellement » un espace presque entièrement vide, occupé par quelques particules très éloignées les unes des autres. Tout comme celles qui nous composent.

Ainsi me croyais-je toujours faussement même, quoique vieilli, alors que je m'engageais comme si souvent sur ce chemin des douaniers, celui qui cerne mon Armorique, en un jour neuf, et à la manière de tant d'autres du passé, parcourant son sinueux et immuable dessin, appréciant son solide enchâssement en cette côte battue par le vent et la mer. N'y suis-je pourtant pas ouvert aux mêmes émotions, celles que les images que j'y retrouve, d'abord masquées par quelque obstacle, puis s'offrant à mes yeux, me restituent en un souvenir ravivé, recoloré qui me comble ? J'avoue que le bonheur qui en résulte écarte de ma pensée l'extravagante vérité scientifique qui veut avec raison qu'entre moi et ces objets, ces paysages, cet horizon, l'immensité du ciel, il n'existe qu'un vide vertigineux dans lequel s'agitent des atomes dont la sarabande depuis la nuit des temps et dans leur incessant manège organise ce festival dont je jouis si pleinement en cet instant.

Loin de contrarier la saveur de cette jouissance j'apprécie plutôt d'en deviner les raisons profondes, de cerner la vérité de ce monde où la vie, héritée peut-être même de l'espace, trouva en son laboratoire moléculaire les prémices de son essor et qui, après des milliards d'années, me permet d'en recueillir le spectacle. Et le magnifie, le transcende. Au travers de cette sublimation – au sens physique du terme – faisant de mon corps solide un vaste nuage de corps élémentaires si riche d'hypothèses. Aussi ne partagé-je pas l'impression que rapporte Hubert Reeves dans l'un de ses livres[2] qui, assistant sur les berges du Pacifique au coucher du soleil et face au spectacle sublime qu'il admirait, ne put s'empêcher de penser que toutes ces couleurs magnifiques et changeantes sur la mer et l'horizon n'étaient que « de la physique, rien de plus… tout simplement la longueur d'onde des photons absorbés et réémis qui a[vait] changé. Ce n'é[tait] que cela rien d'autre ». C'est Tout ! se disait-il, désenchanté et contrit.

À l'inverse du sentiment que ce grand astrophysicien éprouve et que je puis comprendre, je me trouve moi-même dans une situation exactement opposée, heureux de comprendre ce que sous-tend scientifiquement la perception poétique du monde, ce que sont les coulisses d'un exploit tellurique que l'homme admire et qu'il assimile à la beauté, au décor de sa vie et d'en référer l'origine à des lois certaines, plus admirables en mon esprit que les légendes humaines qui lui sont offertes au mépris de toute vraisemblance. Ces preuves enchâssées les unes dans les autres en un tout crédible et rassurant me sont un baume plus efficace que toute version imaginaire.

D'une illusion, fût-elle belle, peut-on tirer une assurance ? D'un fait oui, comme d'une assise. De la saisie du feu, l'homme ne se fit-il pas sciemment l'égal de la foudre ? Il lui faudra toutefois des centaines de milliers d'années avant qu'il n'enterre ses morts, qu'il laisse de ses mains et des animaux qu'il tuait ou vénérait de si durables traces. Quatre ou 5 mille ans lui seront nécessaires ensuite pour que son intelligence aiguisée cerne tout autant les faits que les idées. Une insolente arrogance porterait bientôt l'homme à préférer connaître ce qu'il était lui-même et le monde qui l'entourait plutôt que d'admettre sans critique l'image qu'on lui imposait de lui-même et que l'on perpétuait. Ce dont les religions s'inquiétèrent.

Un glossaire scientifique défia les idées reçues et des hommes de génie surent inverser le cours des pensées acquises. Des bûchers s'allumèrent autrefois pour ceux-là, des contradicteurs véhéments accueillirent un Pasteur ou un Darwin. Et pourtant, ces deux-là furent des princes de l'esprit, à l'instar de beaucoup d'autres. Pasteur (1822-1895) mit un terme à la génération spontanée qui voulait que les fermentations naissent du néant. Darwin (1809-1882) osa proposer une conception nouvelle du monde vivant. Il sut décrypter son histoire. Jusqu'à ce qu'il nous livre sa théorie de l'évolution des espèces.

Avant lui, les hommes considéraient l'étrange diversité des êtres vivants dans leurs apparences et leurs fonctions comme un fait de la création, d'une décision divine lénifiante et qui, de surcroît, se disait au service des hommes. Une diversité qui ne laissait d'étonner par l'innombrable variété des inventions morphologiques ou pratiques que la nature proposait au monde vivant. Un inventaire impressionnant portant à supposer à son origine quelque magie inaccessible à notre entendement. Buffon (1707-1788), Linné (1707-1778) en furent avant lui les grands défricheurs. Vicq d'Azyr (1748-1794)[3], brillant anatomiste, s'attacha à comparer les squelettes des oiseaux à ceux des poissons et de l'homme et en nota les analogies troublantes, mais c'est Darwin qui ouvrit le grand chapitre d'un évolutionnisme qu'avait pressenti Lamarck (1744-1829) et qui lança l'idée d'une chaîne évolutive prêtant aux espèces des rapports anatomiques étroits, mais dont la diversité et les fonctions ne résultaient que des effets d'une sélection naturelle omniprésente.

La publication de son ouvrage *De l'origine des espèces* en 1859 ébranla le monde scientifique. Le cardinal anglais Samuel Wilberforce (1805-1873) qui ne pouvait admettre que lui-même et ses parents descendissent du singe, ce qu'au demeurant Darwin ne prétendait pas, s'en offusqua au point de lui chercher querelle. Darwin, soutenu entre autres par Thomas Huxley (1825-1895), Ernest Renan, Ernst Haekel (1834-1919), fut combattu par d'autres non moins célèbres, mais piliers d'une Église dont les bases théoriques se trouvaient contrariées. Un siècle et demi plus tard si les théories de Darwin restent partiellement discutables, elles n'en sont pas moins à l'origine de tous les travaux qui contribuèrent à établir le grand arbre généalogique du monde vivant, avec son tronc se divisant en ses deux branches végétale et animale dont les ramifications portent en l'extrémité de l'une de ses branches, parmi tant d'autres et à la suite des primates, notre propre personne humaine.

Darwin a offert aux hommes la tangible possibilité de comprendre la diversité autrefois si déconcertante du vivant. Il a appartenu à ses successeurs de nous offrir le jeu de construction qui nous manquait, celui à partir duquel nous pouvons réécrire l'histoire de l'Univers et y inscrire la naissance du monde vivant. Constat fort éloigné des fables de nos grands ancêtres ; celles qu'ils avaient inventées, conçues afin de rassurer les hommes, avec la volonté probable de les aider tout autant peut-être que de les dominer.

Débat jamais clos entre science et croyance, animé depuis plus d'un demi-millénaire et probablement inépuisable, et que peut illustrer la fameuse lettre qu'adressa sous l'Empire Pierre-Jean-Georges Cabanis[4] à son ami Fauriel. Sans nier le rôle moral que ces religions eurent en un monde quasiment analphabète, Cabanis n'en condamnait pas moins l'exercice immodéré d'un pouvoir dont elles ne voulaient à aucun prix se séparer. Il conférait déjà à l'homme la capacité de vivre en la réalité de sa condition véritable et loin des propos qu'on lui présentait comme une vérité intangible. Il l'inscrivait ainsi avec audace dans le contexte plus vaste de l'Univers. Il imaginait même qu'il pût y avoir dans le cosmos des formes de vie différentes. Il convenait que toute idée de Dieu se situait hors de l'entendement humain et se moquait de ceux qui le concevaient paré de tous les sentiments, bons ou mauvais, d'un homme et qui n'en faisaient pas moins un juge implacable. Les *causes premières* conservaient à ses yeux cependant tous leurs mystères.

Il convient deux siècles plus tard de se réjouir de pouvoir démontrer scientifiquement que ce qu'il n'entrevoyait qu'en imagination et de fort imprécise manière – les conditions de l'élaboration de notre univers et de cette planète dont nous sommes les plus doués visiteurs – nous permet d'accéder désormais à la compréhension de notre véritable genèse. Une remise des choses en leur place dans le cadre cosmologique qui nous concerne avec cependant tout le respect que l'on doit à ceux qui nous précédèrent et qui se dirent détenteurs – faute de connaissance – de la dictée sacrée d'un Dieu les ayant selon leurs dires choisis. Sans en écarter l'évidente et durable portée morale, voire lénifiante, il nous est cependant permis de ne pas prendre pour argent comptant l'histoire d'une genèse totalement onirique, quand bien même elle en garderait des saveurs poétiques ou symboliques.

À chacun sa réponse, bien sûr, et d'en user dans un esprit communautaire et moral comme il l'entend, mais au moins convient-il de ne pas nier ce que l'intelligence humaine a su démontrer, même si les croyants en attribuent les mérites – bien indirectement – au créateur. De cette genèse dont on me contait dans mon enfance l'incroyable simplicité, je doutais déjà et, ce doute, je le reportais sur les rites que l'on m'imposait. Je n'en eus jamais de semblable relativement à l'enseignement des sciences dont je tirais toujours de ce que j'avais appris une vérité rassurante eu égard à ma vie. J'ai pris très tôt l'habitude de mêler le spectacle de mes jours à ce que je savais, à ces vérités que m'ont apprises les autres. Une sorte d'assurance et de jouissance devant les offrandes de ce monde et dont on peut constamment imaginer qu'il eût pu ne pas être ou de toute autre nature.

VI

Et pourquoi la mer ?

En cet instant, alors que la mer impose à mon oreille le rythme lent de ses vagues en marée montante, cette question me vient à l'esprit. Levant les yeux et quittant un instant le clavier de mon ordinateur, j'en admire le jeu des couleurs, miroir des cieux de céruléum qu'elle reflète, virant parfois en sa surface au bleu de Prusse, ou décalquant les ombres grises d'un ciel bigarré de nuages ; loin du noir dont elle se couvre lorsque le grain arrive, ou déclinant les écharpes d'un vert qui hésite entre un jaune et un bleu se faisant parfois bronze. Mer superbe, mais aussi mère de toute vie, ce qui n'est pas son moindre mérite.

Je me suis toujours penché sur le mystère de cette si singulière création, riche de tant de tableaux s'offrant à mon goût de l'aquarelle et dont l'observation ne cesse de fasciner. J'ai découvert qu'elle était, elle aussi, le fruit d'un curieux hasard. Il se trouve que la Terre est, en effet, l'un des endroits les plus humides du système solaire et, plus étonnant encore, qu'elle est recouverte sur 70 % de sa surface par le volume astronomique de 1,37 milliard de kilomètres cubes d'eau constituant ses océans. Et pourtant, lorsqu'elle s'est formée de poussières agglomérées, elle était trop chaude pour que de l'eau s'y soit trouvée ! Née, comme nous le savons, précisément il y a 4,566 milliards d'années[1], la présence d'eau liquide n'y serait apparue que 200 millions d'années plus tard.

Bernard Marty[2] nous permet d'en imaginer l'origine. Une première hypothèse laisse entendre que de son manteau terrestre constamment remanié par les éruptions volcaniques, cette eau terrestre aurait pu prendre origine, mais il faut admettre que le dégazage complet de cette croûte terrestre n'aurait pu fournir en réalité qu'un faible pourcentage du volume des océans actuels. Aussi faut-il évoquer une autre origine à ces immenses quantités d'eau. Et c'est l'espace lui-même ! Encore lui. La majorité des éléments volatils, dont l'eau, aurait été apportée « tardivement » par des corps célestes provenant d'autres régions du système solaire alors que la Terre était déjà formée. Le bombardement intense de celle-ci par des météorites de très grande taille, richement hydratées, lui aurait apporté une eau qui se serait condensée. Un bombardement qui serait allé décroissant entre 4,4 et 3,9 milliards d'années. Ces météorites renfermant jusqu'à 20 % d'eau se seraient donc imposées comme à l'origine des océans.

Cette grande épopée de nos mers et de nos océans ne laisse toutefois de surprendre. Car cette eau offerte par l'Univers à notre Terre si singulière favorisa de surcroît l'essor de toute vie en sa surface, de même que la survie des espèces qui y prendront naissance. Sans eau, nous ne serions pas nés ; sans eau, nous disparaîtrions, mais cette éventualité, nous dit-on, n'est pour l'instant guère probable. Il tombe en effet sur notre Terre chaque année environ 40 000 tonnes de micrométéorites et 10 tonnes de météorites, à la manière d'une pluie céleste qui en maintient depuis 3,5 milliards d'années à sa surface le volume d'eau considérable que nous avons mentionné. Nous en sommes rassurés et nous saurons attendre, mais, l'effet de serre aidant, en sera-t-il toujours ainsi ?

Cette mer, ces océans ne vous sont-ils pas comme pour moi une présence rassurante ? Non pas que je sois né auprès d'elle, ni que mes gènes ne comportent quelque souvenir engrangé par l'un de mes ancêtres. Aucun ne fut capitaine au long cours ni même simple marin, mais mis au monde non loin d'elle, dans cette petite ville de Mortain ancrée sur les monts hercyniens qui lèchent le sud du Cotentin, pointés comme un doigt sur la baie du Mont-Saint-Michel. J'en avais découvert le mirage lorsque, elle envahissait celle-ci par grande marée. Il m'en avait été donné d'en goûter le fantastique spectacle lorsque, avec mes parents, juchés sur la plate-forme portant la table d'orientation de la petite chapelle qui domine la ville, la clarté de l'horizon nous permettait de deviner la silhouette de la célèbre abbaye et surtout de voir s'étaler autour d'elle une lame d'argent dont on me disait que c'était la mer.

Mes questions débordaient alors la patience de mon père qui pourtant était grande. L'instituteur qu'il était aimait instruire et, aussi jeune que je fus, il ne résista pas à faire de son premier fils une sorte d'élève idéal, capable de lire, d'écrire, de compter à un âge où généralement il se borne à colorier son cahier de traits incertains. Je lui dois d'avoir très tôt créé en moi ce désir d'apprendre qui ne m'a jamais quitté et qui me fait encore, à mon âge, élève attentif à toute leçon d'où qu'elle vienne. La mer qu'il m'expliqua devint une image, mais aussi insinua en moi l'idée de ce que pouvait être la dimension de cette mer si vaste, étalée en écharpe tout autour de la Terre dont je ne devais pas oublier que celle-ci était ronde, qu'elle n'avait ni début ni fin, et qu'elle était là devant moi, mais que quelque part derrière moi elle était aussi. J'en garde, plus de soixante-dix ans après, le sentiment d'être devenu à cette occasion un nouveau petit personnage capable d'imaginer au-delà de ce qu'il pouvait voir. Je ne devais pas tarder toutefois à découvrir vraiment la mer.

Aussi m'en approchai-je pour la première fois à 5 ou 6 ans et en vécus-je l'excitante approche. Je ne sais si les enfants d'aujourd'hui dont les images de la télévision leur font connaître les mouvements et la vie de la mer avant même qu'ils sachent ce qu'ils sont et ce qu'elle est gardent la même innocence sensorielle en cette même circonstance. La virtualité de leur savoir en érode sans doute la fraîcheur. Pour moi, ce fut une véritable initiation.

Je garde encore toute la saveur de son approche, celle que traduit un changement de lumière, l'odeur iodée de l'air, la saisie soudaine, au détour de la route, de sa longue et brillante lame bleue polissant le sable, le jeu des mouettes criantes et celui des vagues mourant sur la plage. Hésitation à se confier à cette inconnue prodigue en fraîches caresses mais dont l'horizon n'est perçu qu'à la manière d'un inquiétant vertige. Telle en fut l'empreinte qu'elle revit en moi à chaque approche que depuis je fis d'elle, en ces bords de la Manche, là où je la connus, de l'Atlantique où depuis soixante ans je me retrouve l'été, ou quelque part en le monde, qu'elle fût baptisée par les hommes Pacifique, Océanique, Indienne, Baltique, Adriatique, Rouge, que sais-je encore. Atlantique, ma plus chère désormais, mon inspiratrice inépuisable d'aquarelles dans ses rapports compliqués avec ma terre bretonne, ma rude mer, celle qui me fit plus qu'aucun autre marin nauséeux à souhait, celle qui me paraît froide même en plein mois d'août au point d'en blanchir mes doigts mais dans laquelle j'apprécie avec délice la douce saumure, et le précieux principe d'Archimède qui m'en fait admirer la grâce avec laquelle elle porte mon corps immergé et accueille mes brasses enjouées.

Enfant élevé à Ducey (où mon père enseignait) dans un village tout proche de la baie du Mont-Saint-Michel, c'est au pied du vieux Mont que j'appris à nager. Elle n'était accessible pendant la dernière guerre qu'en certains endroits, ceux que les Allemands n'avaient pas minés. Le petit village de Bas-Courtils était l'un d'eux. On y attendait le flot montant que le soleil au loin transformait en une lame scintillante jusqu'à ce que nos oreilles en perçoivent le roulement grave sur cette immense baie qu'elle recouvrait « à la vitesse d'un cheval au galop », disait-on. Comme étaient chauds et doux les petits lacs qu'elle laissait en se retirant entre les bosselures grises de la baie, à la manière des plus agréables piscines que l'homme ait jamais conçues. Et dans lesquels il m'était aisé de tester mes capacités d'y flotter et de m'y mouvoir. Mais aussi d'y saisir l'échelle grandiose de cette Terre qui m'abritait, de ce vaste ciel sans fond qui m'intriguait, et peut-être aussi m'inquiétait.

VII

Et c'est ainsi
que tout commença

Quel rapport peut-il y avoir entre nous et cet Univers impressionnant, vieux de milliards d'années ? Cette question s'impose à moi de la façon dont elle se pose à tout un chacun, ne serait-ce qu'en retrouvant au milieu des étoiles, par une belle nuit d'été, la constellation de la Grande Ourse et de son étoile polaire, en y associant cette écrasante impression d'infini au tendre souvenir du père ou du maître qui nous les fit pour la première fois découvrir. Mais, du rapport entre cet Univers infini, apparemment figé, et notre condition humaine si agitée, que penser, sinon en souligner l'énigme ? Celle qui a conduit à ce que nous appartenions au monde vivant qui y naquit et dont la définition elle-même nous doit être précisée.

D'après notre dictionnaire de l'Académie française, être vivant, c'est être « le dépositaire des phénomènes (en particulier, de nutrition et de reproduction) qui permettent d'entretenir une activité de la naissance à la mort ». Mais,

53

au-delà des mérites de notre noble Académie, il me semble utile d'y joindre aussi le complément de ce que mes confrères biologistes y ajoutent. Avec le concours de Marie-Christine Maurel[1], grande spécialiste des origines de la vie, est « vivante » toute entité possédant une membrane qui la délimite par rapport au milieu extérieur, un métabolisme qui lui fournit de l'énergie et un matériel génétique qui lui permet de se reproduire et d'évoluer. La plus petite unité correspondant à cette définition est dénommée *cellule*. Certes, ajoute-t-elle, on ne peut éliminer de ce monde vivant les *virus* dotés d'un matériel génétique sur l'enveloppe qui les entourent, mais dont la reproduction exige qu'ils colonisent une cellule hôte.

Or cette cellule qui nous concerne soutint les premières formes de vie en un lointain vertigineux. Les plus anciennes formes apparentées à celle-ci dateraient de plus de 3 milliards d'années si l'on en croit les découvertes qui en furent faites en Australie. On en fait même des analogues de cellules toujours présentes dans nos eaux saumâtres, les *cyanophycées*. Certes, ces formes primitives fossilisées de la vie donnent lieu à des débats mettant en doute leur nature « vivante », mais d'autres découvertes ont confirmé l'existence de reliquats de vie tout à fait similaires datant de 2,5 à 3 milliards d'années. C'est à partir de ces premières formes du vivant que sont nées la flore et la faune dans leur immense diversité et nous-mêmes, gardant au sein des cellules qui les composent et nous composent toutes les acquisitions qu'elles collectèrent tout au long de ces milliards d'années.

Brique élémentaire du monde vivant, solitaire tout d'abord, cette cellule élémentaire structura en colonies spécialisées les végétaux, les animaux et les hommes. Toutes les formes de vie primitives ne furent en effet constituées que d'une cellule. Êtres unicellulaires donc, isolés les uns des autres, et possédant la capacité de se multiplier en se divisant en deux cellules filles semblables. Nous ne sommes nous-mêmes, aussi impressionnant que ce soit, que composés d'une population riche de 1 million de milliards de ces cellules, celles-ci ayant appris à coexister entre elles en assumant des fonctions différentes et complémentaires et se soumettant à des systèmes complexes de communication. En cela ne différant en réalité que très peu des autres êtres vivants, même si par nature l'évolution nous confia une position particulière et dominante.

Quoi qu'il en soit, la source de nos vies est intimement liée à ce qui rassembla en la cellule primitive la capacité de tout ce qu'il nous advint par la suite. *Une cellule ancestrale commune* en vérité, dont nous dérivons tous, animaux ou végétaux. Une structure qui permit d'intégrer le monde moléculaire initial et d'en faire le moteur de la vie. Concept d'une apparente et déroutante simplicité relativement à tout ce qu'il en découla depuis ; à l'origine d'une si grande variété de formes vivantes qu'un inventaire exhaustif en reste à jamais improbable, mais qui nous porte à tenter d'en comprendre le pourquoi et le comment. Encore qu'en ce qui la concerne, fallut-il que la Terre existât préalablement, comme nous le savons, et qu'elle ait pu y accueillir ses premiers frémissements.

Si la cellule fut cette première forme de vie sur notre planète, quelle fut-elle précisément ? C'est une question qui retient naturellement toute l'attention des biologistes. Pour répondre à cette capitale question, ils essaient de l'imaginer et ils lui ont même prêté un nom. Elle s'appelle pour eux LUCA (acronyme de *Last Universal Common Ancestor*, « dernier ancêtre commun universel »). Pure construction de l'esprit bien sûr, mais censée être à l'origine des premiers acteurs identifiables du monde vivant.

Il m'est doux à cette occasion de m'imaginer de retour rue Jussieu, alors étudiant du PCB, certificat préparatoire et sélectif précédant l'entrée à la faculté de médecine. Assis au premier rang de l'amphithéâtre, j'y appris d'un maître brillant, le professeur Jost, chargé du cours de biologie animale, tout ce qui me permet soixante ans plus tard de retrouver avec aisance des notions restées en mémoire et de garder la curiosité de ce que scientifiquement il en advint. Il ne m'est pas indifférent de tenter d'en faire le point et, par là même, de faire partager aux autres les quelques éléments nécessaires à la compréhension du long processus biologique qui fit ce que je suis aussi bien que ce qu'ils sont. Je ne doute pas que ce rappel, à certains égards, paraisse quelque peu abscons pour celui qui ignore tout de la biologie et qu'il me soit délicat pour eux d'en conter l'aventure. Mais j'ose affirmer que pour le curieux le jeu en vaut la chandelle.

Or, disais-je, les premiers acteurs identifiables du monde vivant sont représentés par des cellules. On leur donne le nom de *procaryote*, être unicellulaire et dépourvu d'organites intracellulaires. Ces êtres unicellulaires sont essentiellement représentés par les *bactéries* – avec elles se situent les *archées*, distinguées récemment et de beaucoup plus petite taille. Le corps cellulaire de ces *procaryotes* est purement cytoplasmique et dépourvu de noyau, ce qui les différencie des *eucaryotes* qui, eux, sont possesseurs d'un noyau séparé par une membrane du cytoplasme et détenant de l'ADN (acide désoxyribonucléique lié à la reproduction). LUCA n'est imaginée dans les laboratoires que dans la mesure où elle est censée avoir possédé le plus petit dénominateur commun des traits caractéristiques de ces deux grands types de cellules (trois, si l'on compte les archées). Ce sur quoi on débat d'ailleurs toujours.

Quelle que soit sa nature exacte, il fallut pour condition première que cette cellule ancêtre trouvât sur notre planète éruptive, bombardée de météorites, aux continents dérivants, aux conditions extrêmes de chaleur, de froid, de lumière, les éléments nécessaires à sa constitution, à l'élaboration de sa vie chimique et à sa reproduction. On s'accorde à dire que l'eau à l'état liquide en fut à coup sûr l'élément indispensable. Les océans dont nous avons parlé en furent naturellement le support majeur, mais aussi l'activité volcanique intense qui marqua la vie de notre Terre primitive ! Une activité volcanique qui, de surcroît, rejeta dans l'atmosphère de grandes quantités de gaz tels que du sulfure d'hydrogène ou du dioxyde de carbone, dont le dépôt au fond des océans put contribuer à l'élaboration des premières molécules du vivant – hydrogène, oxygène, carbone et azote en étant les éléments indispensables.

C'est donc grâce à la présence de l'eau que les premières formes de vie purent apparaître. N'affirme-t-on pas que 90 % de l'histoire du monde vivant appartient au monde marin ? C'est l'eau qui permit le contact des différentes molécules nées en elle ou recueillies par elle. N'est-ce pas sur des planètes ayant abrité de l'eau, liquide ou solide, que se fondent les hypothèses de l'existence d'une vie passée ou présente ? Sur Mars, comme nous l'avons dit ? Mais si l'eau fut un milieu indissociable du départ de la vie, seule elle n'y aurait guère suffi si un autre facteur indispensable avait manqué : l'énergie. Celle d'un Soleil bombardant la Terre de ses rayons, mais aussi celle des éclairs qui accompagnèrent les éruptions volcaniques incessantes et monstrueuses, qui caractérisèrent l'édification primitive de notre monde et dont il est pensé que ces deux sources énergétiques ont pu induire les réactions chimiques initiales du vivant.

De telles conditions réunies sur la Terre en son premier milliard d'années d'existence, pour vraisemblables qu'elles soient, exigent cependant qu'elles reposent sur des bases scientifiques solides, sur des preuves. Et avant tout sur des hypothèses vraisemblables conduisant à des manipulations de laboratoire pouvant en accréditer le bien-fondé. C'est ce que des expériences de chimie dites *prébiotiques* ont tenté de faire, en ouvrant une voie permettant d'extrapoler avec vraisemblance les origines tout initiales de la vie. On ne peut en ce sens omettre de citer son véritable pionnier, Stanley Miller[2]. C'est dans les années 1950 qu'il démontra qu'il était possible de synthétiser artificiellement certaines des molécules entrant dans la construction du vivant. Tentant de reconstituer l'atmosphère de la Terre d'il y a 4 milliards d'années en un ballon dans lequel il mêla hydrogène, méthane, ammoniaque et vapeur d'eau, il soumit ce mélange à des décharges électriques censées remplacer les éclairs des violents orages de ce temps. De ses expériences et de celles de ses successeurs, on a pu confirmer que ces conditions physico-chimiques artificielles étaient capables de donner naissance à des *acides aminés* – ces composés chimiques possédant deux groupes fonctionnels, l'un COOH (carboxyle) et l'autre NH^2 (amine), qui jouent un rôle fondamental en biochimie comme constituants des protéines et des enzymes présents chez tous les êtres vivants.

Toutefois, de ces essais, on ne tira que des conclusions théoriques démontrant qu'on ne pouvait en attendre que la formation de quelques acides aminés et en très faible rendement. Elles ont permis d'asseoir cependant l'hypothèse qui suggère que les premières molécules biologiques seraient ainsi nées dans l'atmosphère primitive et se seraient déposées dans des nappes d'eau pour y constituer ce qu'il est convenu d'appeler la « soupe prébiotique », prélude à la formation différée des premières cellules. Dans le même but d'autres chercheurs ont depuis complété ces premières expériences. Réalisées en une atmosphère riche en sulfure d'hydrogène, comparable à celle qui entoure les volcans en éruption, elles furent davantage probantes, car elles mirent en évidence 23 acides aminés participant aux probables ébauches de vie sur la Terre. Ce qui fut remarquable surtout, c'est que par leur nature ces acides aminés sont très proches de ceux qui ont été détectés dans des météorites datées de l'époque de la condensation de la nébuleuse solaire, prélude à la formation de notre propre Soleil.

Toutefois, ces derniers sont beaucoup plus nombreux que ceux qui résultaient des expériences conduites en laboratoire.

Quelque 70 acides aminés ont en effet été identifiés dans la météorite de Murchison tombée en Australie en 1969, laissant loin derrière elle l'échantillonnage prébiotique. Révélation fort intrigante. Formée il y a près de 4,65 milliards d'années alors que ni le Soleil ni la Terre n'étaient eux-mêmes formés, cette météorite contient donc 70 acides aminés identifiés et des composés moléculaires associant carbone, hydrogène, oxygène, azote et soufre, s'alliant en des modèles très évocateurs de ceux qui concourent à la vie. N'y trouve-t-on pas même des composants de l'ADN et de l'ARN, supports de la reproduction ?

Ce constat laisse rêveur. Il porte à supposer que la « fabrication » de la vie aurait bien eu lieu hors de la Terre, au moins en partie, et serait intersidérale. Nombre de biologistes penchent pour cette hypothèse et admettent que les molécules composant le vivant ont pu être structurées dans l'espace et portées jusqu'à notre Terre, tout aussi bien que jusque sur toute autre planète, Mars par exemple, au cours d'un ensemencement projeté à l'échelle de l'Univers. Ce qui n'exclut pas que les sources de formation de ces acides aminés dans l'atmosphère environnant les volcans n'aient conduit, elles aussi, à l'émergence de la vie. Quand j'en reviens à cette quête passionnante de mon origine et de celle de mes semblables, ces hommes qui vaquent en ce moment en toutes les parties du monde, je suppose que bien peu d'entre eux sont en situation de penser aux combinaisons d'acides aminés qui réglementent leur vie présente et *a fortiori* que celles-là aient été liées aux premiers instants de notre Univers il y a plus de 4 milliards d'années, avant même que notre planète fût née. Quand bien même nos océans aient pu en compléter plus tard l'extravagant échantillonnage.

Ainsi tel que je suis, composé de milliards de ces cellules primitives nées de ces balbutiements physico-chimiques, je recèle en moi ces premières traces organiques d'un monde vivant ayant perduré pendant près de 4 milliards d'années, à la fois persuadé d'être moi-même présentement, mais aussi le reliquat authentique de tout ce que ces cellules acquirent et devinrent pendant tout ce temps écoulé. Existe-t-il un constat plus confondant ? Aussi bien relativement à cette LUCA originelle, qui théoriquement les contient, qu'à ce temps insaisissable pendant lequel elle maintint son activité biologique au sein d'un environnement dont elle profita mais qu'aussi elle modifia.

J'avoue toutefois que les impressions de ma vie présente ignorent presque constamment l'évidence de ce fait évolutif, tout comme d'ailleurs me reste très vague la notion de l'incroyable durée du temps qui le permit. Un temps si différent du mien que je ne puis imaginer réellement ce qu'il représente, sinon qu'à son échelle ma vie ne sera qu'un bref soupir. Et pourtant je me sens nanti d'un « très long temps passé » (doux euphémisme). Ce qui m'est bizarre, c'est que la notion que j'en ai me porte à douter, de ce que l'être que je suis à présent soit réellement la suite de ce qu'il fut il y a si longtemps. Quitte à imaginer que les millions de multiplications de mes cellules qui ont entretenu, façonné et transformé mon apparence n'aient en même temps imposé à mes neurones cette perception quasi irréelle de mon passé. Et pourtant, ce temps que nous avons vécu reste jalonné de multiples souvenirs inscrits dans « ce long temps passé » qu'est notre vie. C'est une sélection surprenante des plus revisitées au fil du temps, aux dépens de tous ceux qui furent effacés de notre mémoire, une sorte de petite légende de nous-mêmes, un album d'images plus au moins souriantes, plus ou moins graves, dont chaque rappel suscite une émotion.

Ainsi reviendrai-je sur les mêmes lieux qu'il me semblerait que la promenade que j'y fais présentement n'est que le prolongement de celle que j'y fis l'année passée. Même sol, même paysage, mêmes odeurs ravivant en mes neurones un temps vécu se mêlant si impérativement au temps présent qu'il en est confondant. Suggérant que la durée séparant ces deux événements n'ait pas compté. Contrairement à naguère où chaque année semblait avoir fixé en mes souvenirs sa date et l'avoir située à l'intérieur d'un calendrier où elle gardait, plus ou moins pâles, ses couleurs, mais une réalité qui se voulait singulière. Ruse de ma mémoire qui entretient cette pénible impression d'un temps devenu contracté. J'en suis le témoin surpris et quelque peu attristé, car ce phénomène ne m'est pas personnel ; j'en partage avec ceux de mon âge le douteux privilège, comme celui qui égare dans mes neurones les noms propres, voire ceux de mes amis, et dont la recherche à certains moments devient presque angoissante.

Je n'ai pas d'autre part le souvenir que répétant les gestes que la vie nous impose chaque jour, toilette, rasage, petit déjeuner, etc., j'en éprouvais dans le passé l'impression qu'ils se télescopaient, car il y avait en mon esprit entre le nouveau jour et celui qui le précédait l'existence d'un temps, d'une durée parfaitement identifiable à des activités dont le souvenir restait très présent en ma mémoire. Ce qui n'est plus le cas présentement. Préparant mon petit déjeuner, je pourrais presque croire que le geste que j'accomplis fait suite, voire se superpose à celui que je faisais la veille, et j'en éprouve une sorte de désagrément, dont l'analyse m'est peu claire et presque inquiétante. Il en est ainsi lorsque je pose chaque matin le rasoir sur ma joue et de tous les gestes communément répétés chaque jour. Comme si ce temps des 24 heures passées n'avait plus de consistance mémorisée. Lieu commun, mais qui donne l'illusion que ces heures ultimes dont nous disposons se consument à vive allure.

Mes pauvres hippocampes, qui sont gardiens de notre mémoire et que l'on dit s'atrophiant avec l'âge, ce que je me garderai bien de vérifier par une IRM, ont sans doute perdu du poids. On dit qu'ils savent toujours se mettre au service de notre mémoire immédiate en enregistrant nos actions, mais qu'ils en restituent difficilement, à notre demande, le contenu. « Oublis bénins », dit-on en notre jargon médical, peut-être, mais seulement jusqu'à preuve du contraire. Au moins en cet instant qui m'est précieux, et ce m'est une grande consolation, dois-je admettre que la contemplation de cette éternelle étreinte de la terre et de la mer qui m'est offerte en ma douce Bretagne réjouit pleinement chaque seconde que mon regard porte sur elle et qu'à cette aune ce temps qui passe si vite me paraît cependant presque long. Envierais-je même ces hommes qui l'habitèrent et la façonnèrent, qui y épuisèrent une courte vie que seule la monotonie des jours et l'ignorance de ce qu'ils étaient leur firent paraître longue.

VIII

6×10^{30} bactéries,
et nous et nous...

Tout est en place sur cette Terre, ai-je donc compris, pour que démarre la plus incroyable aventure nous concernant. À partir de ces « poussières d'étoiles », comme le dit si joliment Reeves[1] dans une formule poétique évoquant la naissance de notre Univers et tout ce qui en résulta. Une aventure qui va s'étaler sur cette très longue période de 4,6 milliards d'années qui nous sépare de la naissance de notre Terre. Une évolution dont tous les éléments astronomiques, géologiques, climatiques et biologiques nous concernent en ce qu'il en résulta : ce que je suis et ce que tous nous sommes à la suite de tout ce qui nous précéda, mais détenteurs de cette exclusive capacité de le démontrer.

N'est-il pas passionnant de poursuivre en si bon chemin la quête de mes origines, des vôtres, des animaux dont la variété nous étonne ou de ces végétaux dont nous ne cessons d'alourdir l'inventaire ? Aussi sur cette longue échelle qui nous est proposée, essayons d'en décrire le plus clairement possible les étapes. Des étapes marquées par les capacités de se reproduire que possède le monde vivant.

On situe à environ 3,8 milliards d'années l'époque qui rassembla toutes les conditions (physiques et chimiques) nécessaires à la formation de la première molécule capable de se dupliquer : l'acide ribonucléique (ARN). On en fait même actuellement un possible précurseur du vivant (Carl Woese[2], Walter Gilbert[3]), car cet ARN est capable non seulement de s'autorépliquer, mais de sécréter aussi des protéines ; il serait doté de cette double performance. ARN se suffisant donc à lui-même contrairement à l'acide désoxyribonucléique (ADN) qui sera, lui, strictement destiné au stockage de l'information génétique. Certes, pour l'instant, nul n'est encore capable de synthétiser en laboratoire un brin d'ARN doté de ses quatre bases nécessaires, même si deux d'entre elles le sont déjà, mais il est possible par analogie d'imaginer un scénario conférant aux mares irradiées par les ultraviolets de l'atmosphère le nid possible des premières molécules de cet acide ribonucléique. Quant aux protéines, indispensables à l'édification des structures vitales, nous savons qu'elles résultent de l'association d'acides aminés dont nous avons envisagé déjà les modalités de l'apparition en ces tout premiers temps de notre histoire.

L'étape suivante se situant à environ 3,4 milliards d'années, car plus de 1 milliard d'années seront nécessaires pour qu'apparaissent les premières structures cellulaires connues, ces *procaryotes* que nous connaissons puisque les *bactéries* en sont la variété la plus commune. Ce sont des cellules isolées dépourvues de noyau, vivant pour la plupart dans l'eau et capables d'entretenir leur vie en transformant le dioxyde de carbone en sucres, en molécules organiques et en oxygène gazeux. Nous avons là devant les yeux le premier agrégat receleur de vie. Apparemment fort simple et cependant beaucoup plus complexe qu'on pourrait l'imaginer, et infiniment plus ingénieux que le plus sophistiqué module jamais conçu par l'homme. Nous avons vu qu'il est très vraisemblable qu'à un certain moment et à un certain endroit de la vaste Terre, un grand nombre de molécules organiques que l'on trouve dans les cellules actuelles se soient accumulées à de fortes concentrations et aient conditionné leur naissance ; molécules simples, tels des acides aminés ou des nucléotides[4] pouvant s'associer pour former des polymères, ou chaînes moléculaires de grandes dimensions. Mais qu'en est-il de ces variétés cellulaires très primitives qui coexistent en ce monde aqueux ?

Déjà une sélection compétitive les oppose. Tout suggère en effet que, dès cette époque, des systèmes autorépliquants aient marqué les premiers moments de l'évolution du vivant et aient mis en place le principe de compétition favorisant les plus rapides et les plus fidèles d'entre eux, laissant ainsi la place aux plus stables et aux plus performants. Toutefois, même si ces ensembles moléculaires primitifs se révélaient capables de stocker l'information et de se répliquer, il n'en reste pas moins qu'ils étaient incapables de fournir tous les matériaux nécessaires à l'organisation structurale et à la fonction d'une cellule, donc à sa consécration de brique essentielle de la structure vivante.

La construction cellulaire va, en effet, devenir de plus en plus complexe en ses structures par les développements propres de chacun de ses constituants. Mais encore faut-il qu'elle consacre son identité en entourant ceux-ci d'une membrane, créant un milieu intérieur où seront rassemblés les effets d'une synthèse protéique extensive sous le contrôle des acides nucléiques qui en assureront les fonctions. Événement considérable en vérité dont il est encore hasardeux d'expliquer si elle fut « de hasard ou de nécessité ». Quoi qu'il en soit, c'est un phénomène marquant dans notre généalogie biologique, car elle en permit le départ. La première cellule se serait ainsi formée lorsque des molécules de phospholipides, composants ordinaires de la « soupe prébiotique », se seraient assemblées spontanément pour former une telle membrane autour de molécules protéiques mêlées au modèle autoreproductif d'ARN du voisinage. Une option en faveur d'une parcellisation, d'une individualisation de ce qui n'était jusqu'alors que noyé dans un milieu sans véritables limites.

Avouons que nous ne pensons guère aux tribulations de cet ancêtre si singulier, celui que fut cette cellule ancestrale. Ingrats que nous sommes, car elle conserve en nous-mêmes, dans la variété infinie de ses cellules filles qui nous composent, la mémoire de ce temps qui l'édifia tout au long de ces milliards d'années et dont elle nous fit le don. Ne fut-elle pas, cette cellule ancestrale, celle qui domina par ses capacités ses formes concurrentes et prit la tête de l'évolution, couvrit la Terre de végétaux, modifia l'atmosphère de la Terre et fit d'elle le siège de la vie animale jusque dans ses formes les plus intelligentes ? Qualités supposées de LUCA, comme nous l'avons vu et dont dérivèrent il y a 3,4 milliards d'années ces *bactéries* avec lesquelles nous avons fait connaissance.

D'ailleurs, au-delà de la méfiance qu'elles nous imposent, ne méritent-elles pas que nous les connaissions d'un peu plus près, car elles partagent avec nos propres cellules de nombreuses analogies ? Ne sont-elles pas, à ce titre, inscrites sur la première page de notre livret de famille ? Elles sont fort discrètes en vérité, invisibles, de très petite taille (de 0,66 à 0,0002 mm)[5]. Sphériques ou allongées en bâton-nets, elles ont la capacité de se diviser rapidement en deux cellules identiques, exactes réplications de leur mère. Les bactéries sont dotées d'une rare capacité d'adaptation au milieu qu'elles rencontrent ; elles peuvent utiliser n'importe quel type de molécule organique comme aliment. Elles ont survécu depuis lors et plus longtemps qu'aucun autre orga-nisme ; elles constituent le type cellulaire le plus abondant sur Terre.

Je dois, de surcroît, en ce qui me concerne, inscrire à leur actif d'avoir découvert à leur contact ma vocation de biologiste et de médecin et, sans doute, de m'être engagé dans l'écriture de ce livre. Ce n'est pas le moindre mérite que j'attribue à ces lointains et tout premiers ancêtres. La circonstance en est banale, en vérité, et rattachée à l'exis-tence de panaris sur le pouce et l'index de ma main droite en cette année 1945, au sortir de la guerre, pendant laquelle ces sortes d'infections profitaient d'un système immunitaire passablement bouleversé par les carences de toutes sortes imposées à nos adolescences. Je souffrais atrocement de mes doigts, dont chaque contact réveillait une douleur extrême, celle qu'une pulsion sourde entretenait nuit et jour, au bout de leurs phalanges carminées et gonflées à se rompre.

Je me trouvais sur l'île aux Moines, où des amis de ma mère m'avaient emmené au cours de ce premier été d'après guerre, alors que je pleurais la mort toute récente de mon père. C'est sur la petite et charmante plage qui borde le Bois d'Amour de cette île que j'adore que je fis la connaissance de celui qui déterminerait en moi cette vocation médicale qui fut le bonheur de ma vie. Il s'appelait Albert Delaunay ; il était le directeur d'un laboratoire de l'Institut Pasteur à Garches, gendre de Gaston Ramon, le père du vaccin anti-typhoïdique, ami de Jean Rostand et surtout familier de l'infection microbienne. Les pansements épais qui ornaient mes doigts n'échappèrent pas au regard qu'il porta sur eux dès notre première rencontre. Il ne cessa dès lors, en médecin qu'il était, d'accompagner les quelques jours pénibles qui suivirent d'explications sur l'extraordinaire rencontre qui, à l'extrémité de mes doigts, faisait s'affronter ce staphylocoque, dont j'allais ne plus rien ignorer, et les macrophages, ces défenseurs cellulaires qui étaient miens et qui m'en feraient guérir. Un univers microscopique fascinant que le talent de conteur d'Albert Delaunay ouvrait devant mes yeux.

Il m'avait confié les raisons d'une curiosité intarissable. Je lui posais mille questions auxquelles il répondait avec patience et le sentiment, ce faisant, qu'il entretenait en moi les bribes d'une vocation naissante, laquelle ne lui était pas indifférente. Il ne sera pas étonné d'ailleurs que quelques années plus tard, élève en préparation du concours d'entrée à l'École normale supérieure au lycée Saint-Louis, je lui rendisse visite à Garches afin de préciser mes désirs d'orientation. Lesquels le déterminèrent à changer le cours de mes études et à m'orienter vers la faculté de médecine, l'internat des hôpitaux plutôt que vers l'École normale. Ce que je fis non sans difficulté, mais que la suite de ma carrière confirma agréablement puisqu'il m'advint de me retrouver plus tard directeur d'une unité de l'Inserm à la manière dont lui-même avait été directeur d'un laboratoire de l'Institut Pasteur et partageant ainsi les mêmes enjeux biologiques. En quelque sorte, tout impliqué dans ce monde que mon adolescence avait découvert auprès de lui sur la plage du Bois d'Amour de l'île aux Moines.

Ce staphylocoque qui me fit tant souffrir, je l'apprendrai plus tard, n'était en vérité que l'un des spécimens récemment apparus en ce monde bactérien né il y a des milliards d'années. Il avait appris, à la différence de ses homologues, à vivre aux dépens de l'homme si récemment arrivé sur Terre, comme d'autres variétés s'étaient approprié ce privilège longtemps auparavant, il y a quelque 500 millions d'années, lorsque la faune et la flore étaient apparues sur notre planète. Tout en ouvrant chez elles deux une série de conséquences pathologiques, comme nous en souffrons nous-mêmes. Ce sont donc ces bactéries qui pendant 3,75 milliards d'années d'évolution n'ont guère changé de taille, de forme, surent diversifier leurs fonctions et s'adapter à des milieux extrêmement variés. Ce modèle, quoique dépourvu des avantages de la sexualité, comme nous le verrons, ne se reproduit que par division cellulaire et reste soumis au seul hasard des mutations touchant son information génétique.

C'est une cellule capable par son seul milieu interne, strictement intracellulaire, de s'adapter à des milieux, des températures, des agressions extrêmement variés au travers de millions d'espèces différentes ; une cellule qui, pourtant, au cours de plus de 3 milliards d'années, n'a guère témoigné en faveur d'une plus grande complexité évolutive. Ce fait véritablement troublant porte Alexandre Meinesz[6] à s'interroger sur cette particularité et qui lui laisse penser « que l'évolution de la vie n'a jamais été prédestinée à former du complexe et *a fortiori* l'homme ». Comparées à ce dernier, et quoique encloses pendant cette longue durée en leur unicellularité, les capacités d'adaptation évolutive des bactéries font de celles-ci la lignée d'organismes la plus « évoluée vivant sur cette Terre[7] ».

Certes, l'organisation sociale des hommes, leur technologie remarquable les situent en nos esprits comme le terme d'une évolution ultime et dominante du monde vivant. Alexandre Meinesz, s'il en admet l'apparente puissance, n'en fait cependant qu'une « image idéologique et philosophique de domination qui nous positionne au-dessus de toutes les autres formes de vie ». Il faut, pourtant, admettre que par leur masse, leurs millions d'espèces, leur population évaluée à 6×10^{30} d'individus et par l'immense variété de leurs adaptations, les bactéries restent les organismes dominants de notre planète. Celle-ci serait-elle soumise à quelque déflagration cosmique la compromettant que nous disparaîtrions alors que quelques bactéries trouveraient immédiatement la solution favorable à leur survie.

Ainsi tout eût pu en rester là et nous ne jamais exister. Et pourtant, notre Terre, telle qu'elle fut dotée, accueillera parallèlement à ces bactéries d'autres formes de vie dans une transition qui les fera devenir cellules animales ou végétales. Les représentants de la flore et de la faune ne sont en effet que constitués de cellules, mais différenciées des bactéries, en compliquant singulièrement leurs structures. Ce qui les en distingue, c'est qu'elles se sont dotées, nous le savons, d'un *noyau* – raison pour laquelle on les dénomme *eucaryotes* (car *caryon* = noyau) – et de nombreuses autres acquisitions. Ce noyau, quant à lui, va détenir la majeure partie de l'ADN cellulaire et se trouver ainsi séparé du reste du contenu cellulaire, le cytoplasme où se développent la plupart des réactions métaboliques de la cellule. À cette fin, celui-ci s'est aussi peu à peu modifié, il s'est rempli d'*organites*, ces formations tubulaires cernées d'une double membrane et situées à l'intérieur du cytoplasme des cellules. Si la constitution de la plupart de ceux-ci appartient en propre au génie de la cellule nucléée, l'origine de deux d'entre eux relève d'une aventure qui mérite d'être rappelée et qui laisse au hasard ou à la nécessité, là encore, une large part.

L'introduction des *mitochondries,* organites communs à toutes les cellules animales ou végétales, et des *chloroplastes,* organites spécifiques des cellules végétales au sein de ces cellules, relève du roman policier et leur soumission au milieu cellulaire qui les accapare des fameux syndromes de Stockholm[8] ou de Lima[9] qui finissent par lier chez l'homme les otages à leurs ravisseurs. Si l'ensemble des organites du cytoplasme est né de la cellule elle-même, comme nous l'avons dit, l'acquisition de ces deux-là est fort originale. Les *mitochondries* sont universellement présentes dans les cellules eucaryotes, qu'elles soient animales ou végétales ; les *chloroplastes,* par contre, n'existent que chez les cellules qui sont capables de photosynthèse, c'est-à-dire celles qui caractérisent les végétaux. Ce qui rapproche cependant ces structures cellulaires particulières, c'est la manière dont elles ont été capturées par des cellules qui en étaient alors dépourvues.

La *mitochondrie* ne serait en effet qu'une forme de bactérie (*procaryote*) « asservie » par une cellule *eucaryote*. Ce qui tend à prouver cette forme d'« esclavagisme[10] », c'est qu'il existe de nombreuses similitudes entre les *mitochondries* de la cellule *eucaryote* et les bactéries. Ces *mitochondries* en ont la taille, la forme, se dédoublent comme elles, contiennent de l'ADN et sont responsables de la respiration à l'exclusion de tout autre lieu en la cellule eucaryote. Sans ces mitochondries, les cellules eucaryotes vivant en milieu privé d'oxygène (anaérobie) seraient restées des organismes incapables de vivre en une atmosphère dont l'enrichissement en oxygène leur serait devenu fatal[11]. Nombre de bactéries actuelles respirent à la manière des mitochondries. Il est donc probable que les cellules eucaryotes sont les descendantes d'organismes vivants dans un milieu privé d'oxygène et qui n'ont dû leur survie dans une atmosphère en devenant richement pourvue qu'en annexant à leur structure des bactéries qui en étaient capables. Réprimant leur capacité de les digérer, comme elles faisaient de toutes microstructures, elles surent en entretenir les fonctions en pure *symbiose* afin de produire l'énergie dont elles avaient absolument besoin. Après toutefois que l'un eut capturé l'autre et l'eut réduit en esclavage.

On retrouve la même procédure dans l'acquisition des *chloroplastes* par la cellule eucaryote. Ces organites que l'on retrouve dans toutes les cellules végétales effectuent la photosynthèse de la même manière que les *cyanophycées* (cette autre variété de procaryotes différente des bactéries et que nous connaissons) en absorbant la lumière solaire dans la *chlorophylle,* ce pigment disposé sur leurs membranes. Or certains de ces *choloroplastes* présentent de grandes similitudes avec ces *cyanophycées* par leur taille et l'empilement de leurs lamelles portant la chlorophylle. Ces *chloroplastes* se reproduisent par dédoublement et contiennent de l'ARN. Ce processus d'annexion de cyanobactéries par des cellules eucaryotes pour en faire des chloroplastes destinés à leur servir ressemble étrangement à celui que d'autres eucaryotes usèrent à l'encontre des bactéries, les cyanobactéries ainsi capturées offrant leur capacité de photosynthèse en parfait accord symbiotique avec leur hôte.

Ces deux inclusions « capturées » subirent par la suite d'importantes modifications qui les rendirent très dépendantes de l'hôte, abandonnant leur statut d'esclave pour celui de quasi parasite heureux. Mais l'aventure de la cellule ne s'arrête pas là. Celle-ci, désormais dotée de capacités de survie en tous milieux, va s'adapter aux diverses fonctions qu'elle va entretenir. Elle va augmenter son volume, la surface de son enveloppe et organiser en son cytoplasme tout un réseau de membranes internes, destinées à entourer non seulement le noyau, les mitochondries, ou les chloroplastes comme nous le savons, mais aussi des structures tubulaires liées pour certaines à la synthèse, au transport, à la digestion des molécules captées ou synthétisées en son sein, voire leur excrétion – ensemble structural et trait caractéristique de toutes les cellules eucaryotes. Sur son enveloppe membranaire se distribueront des récepteurs de toutes sortes qui seront sensibles à des informations qui orienteront ses activités. C'est à son niveau que se feront donc les échanges avec le monde extérieur, mais aussi que se déploiera la capacité d'englober un corps étranger pour le digérer ou d'excréter les produits nés en son réseau interne[12].

Tout le reste du cytoplasme où transitent les éléments de son métabolisme s'est lui-même complété d'un cytosquelette composé de microfilaments imposant à la cellule sa forme, la capacité de se mouvoir et la disposition des organites intracellulaires. On y trouve aussi les reliquats des activités primitives des eucaryotes, à savoir les lieux d'implantation de leur cil, des flagelles, qui animèrent les premières d'entre elles et qui persistent de nos jours en chacune de nos cellules, mais essentiellement des microtubules qui sont un composant vital de la division cellulaire.

S'il est certes impossible d'affirmer que ce schéma évolutif de la cellule soit strictement conforme à ce qui se passa vraiment entre 3,4 milliards d'années au cours desquelles sont apparus les *procaryotes* et 1,6 milliard d'années, date à laquelle apparurent les *eucaryotes,* un faisceau croissant de preuves en rend toutefois le déroulement vraisemblable. Des différences morphologiques et métaboliques les séparent, mais toutes peuvent revêtir le statut d'*êtres vivants unicellullaires,* groupe totalisant les procaryotes, que sont bactéries ou cyanophycées, et les eucaryotes, cellules uniques qui composent l'immense majorité du monde vivant en cette longue période. Avec toutefois peut-être déjà des tentatives de vie pluricellulaire.

C'est ce qu'évoquent des *organismes pluricellulaires bactériens* qui seraient apparus il y a 2,1 milliards d'années. Un exemple fort passionnant en a été découvert dans le bassin de Franceville au Gabon par Abderrazak El Albani en 2010[13]. Il se présente sous la forme de fossiles de quelques centimètres de longueur, d'une épaisseur de quelques millimètres, affectant l'aspect d'une raquette et fort nombreux[14]. *Organismes pluricellulaires ou multicellulaires des fonds marins* ? Plutôt multicellulaires, constitués, selon Emmanuelle Javaux[15], par un ensemble de bactéries capables de croître de manière coordonnée, mais sans présenter la complexité des organismes pluricellulaires. Mais, à l'exception de ce spécimen très évocateur révélé récemment et auquel s'ajouteront peut-être quelques autres, il est probable que toute cette longue période séparant l'archéen (il y a 3,8 milliards d'années) et le protérozoïque[16] (il y a 2,5 milliards d'années) appartint essentiellement aux êtres unicellulaires indépendants. Toutefois, c'est à partir d'eux que toutes les cellules à venir, qu'elles soient végétales ou animales, dont les nôtres, garderont le souvenir matériel de ces organismes unicellulaires nucléés ayant par *endosymbioses* successives domestiqué d'autres cellules dépourvues de noyau. Temps de véritable seconde genèse du vivant pour Alexandre Meinesz[17] en attente d'une troisième, celles des êtres pluricellulaires animaux, végétaux, et de la reproduction sexuée.

Aventure fascinante que celle de cette cellule eucaryote qui va quitter son statut d'unicellularité pour tracer, au travers de milliards d'années, les modèles innombrables de la faune et de la flore et faire de nous, de moi, ce spectateur émerveillé du décor animé dans lequel il est né. Il est étrange qu'en y traînant mes pas, j'y trouve tant de beauté, une beauté toute spéculative que rien ne définit, sinon le goût que j'ai d'une ligne d'horizon, d'un ciel d'été, d'un faon inquiet de ma présence, d'un enfant qui joue, d'un merle qui chante, d'une abeille qui bourdonne, de la parure colorée d'un poisson, d'un chien fidèle, d'une pivoine, d'un buisson de rhododendrons, des iris de mai, du lilas blanc de ma rue, d'une clairière au petit matin et d'une femme que je rencontre. Une beauté conventionnelle en vérité, admise par les hommes comme telle et que chacun d'entre nous colore à sa manière. Ce monde qu'à chaque occasion je visite et que cette singulière cellule détenait en promesse, rien n'en fut cependant prévu ; son adaptation constante à l'environnement l'a fait sortir de son isolement pour s'intégrer en ces constructions admirables que sont les fleurs que butinent les insectes, les arbres majestueux qui peuplent les forêts et l'immense grouillement en la jungle de ces animaux qui ont revêtu, au fil du temps, leur singulière parure et acquis cette capacité d'y survivre. Vous et moi sommes doués de l'exquise particularité d'en admirer la diversité, l'apparente mais cruelle harmonie et finalement d'en extrapoler cette beauté sur laquelle les hommes se sont apparemment accordés. Cette beauté, je l'entrevois à l'instant même, depuis la table où j'écris : cette ligne d'horizon hésitante entre le bleu du ciel et de la mer, cette lumière rosée du petit matin qui caresse la plage et ce silence enfin si doux à l'oreille, tandis que déjà, en le jardin de Jacqueline, les ombres longues des hauts cupressus coupent de leurs lignes violettes les parterres de pétunias, d'impatiens, de pervenches exotiques, que s'activent autour des œillets d'Inde bourdons et guêpes, et que volettent les papillons autour des rudbeckias ou des marguerites, alors que me rend visite l'une de ces adorables coccinelles qu'une petite brise d'est a portée jusqu'à moi. Des oiseaux chantent, des pigeons roucoulent et s'émoustillent, des mouettes s'agitent à l'approche de la marée basse. Minute sereine dont on aimerait qu'elle durât toujours. Les hommes qui ont imaginé le paradis à l'imitation de leur monde ont-ils jamais pensé qu'ils le devaient au « génie » de ces êtres unicellulaires qui, il y a si longtemps, nous précédèrent ?

IX

Une tante très lointaine : l'éponge

Si la cellule s'est ainsi structurée chez les *eucaryotes*, c'est comme nous l'avons dit en fonction des circonstances auxquelles elle fut confrontée. Sans entrer dans le détail de l'acquisition de ces capacités, restons curieux de ce qu'il advint de quelques-unes.

Dotée de la capacité de dégrader le glucose par glycolyse même en l'absence d'oxygène, alors que l'atmosphère n'en contenait pas, elle sut assurer ses propres sources d'énergie, par formation d'adénosine triphosphorique, d'ATP. Des centaines de réactions chimiques en dépendront, celles qui orienteront les métabolismes particuliers de l'immense variété des cellules au travers de toute l'échelle du monde vivant, animal ou végétal. L'apparition de protéines particulières, les *enzymes* catalysant les réactions métaboliques fondamentales de la cellule, sera aussi un facteur capital de différenciation. Chez les végétaux, la *photosynthèse* cellulaire à partir des chloroplastes, ces organites très spéciaux qui furent capturés par l'eucaryote, souvenez-vous, va permettre de convertir le CO_2 en composés organiques. Le développement de cette photosynthèse va avoir des conséquences considérables, car elle va transformer l'atmosphère terrestre. Celle-ci, initialement dépourvue d'oxygène moléculaire, en accumulera sous l'action des végétaux 21 % du total des gaz la composant. Avec des effets favorables libérant un O_2 particulièrement réactif, mais qui se révéla toxique pour beaucoup d'organismes primitifs qui se virent contraints de s'y adapter, en asservissant des bactéries qui deviendront ces *mitochondries* que nous connaissons. Il en résulta une famille eucaryote incroyablement diverse en ses formes et ses comportements, car douée désormais des avantages de la photosynthèse ou de l'acquisition de la capacité de capturer une autre cellule ou des particules, de les ingérer dans des vésicules où elles seront digérées. C'est ce que l'on appelle la phagocytose.

Ce sont les membres de cette famille eucaryote qui vont devenir les « premiers animaux », qualifiés en langage scientifique de *protozoaires,* empruntant de multiples aspects. Certains d'entre ceux-là s'équipant de cils, nageant à grande vitesse dans l'eau, deviennent les prédateurs d'autres cellules, les paralysent par de petits dards empoisonnés et les dévorent. Ce comportement agile et efficace s'est édifié à partir des structures microtubulaires du cytoplasme. Qui ne serait impressionné par ce « génie cruel » des premiers animaux unicellulaires qui, sous la pression du milieu, de leurs besoins, vont s'armer et devenir de terribles prédateurs ? Si l'on accepte que la formation d'un dard empoisonné ne soit due qu'aux avantages aléatoires que celui-ci apportait à son porteur, l'idée qu'il soit couplé à l'acquisition d'une molécule toxique, d'un poison, laisse rêveur. À la fois sur le temps et le nombre des essais qu'il fallut pour que se fixe dans le génome de la cellule la certitude de cet avantage – curieux aller-retour entre le milieu et ces mutations génétiques qui se révéleront favorables à la survie et capables de donner aux plus efficaces le pouvoir d'éliminer les autres –, mais aussi sur le sens de cette lutte pour la vie qui concerne désormais tout le monde vivant et dont notre humanité n'est guère exempte. Se pourrait-il que cette stratégie armée participe de ce dessein intelligent que l'on veut d'origine divine, et cautionne cette impériale nécessité de tuer pour survivre et évoluer ?

Pour qu'une telle adaptation à l'environnement eût cours, il fallut que ces cellules eucaryotes contiennent toujours plus d'ADN et, donc, accroissent le nombre de leurs gènes. Le firent-elles à partir du contingent génétique d'une bactérie étrangère qu'elles auraient dévorée par exemple (par cannibalisme), ou par voie virale, un virus se faisant alors le vecteur de gènes d'une bactérie à l'autre[1] ? C'est l'accumulation de ces gènes qui conduira à la formation d'un ensemble les regroupant, le *chromosome*, en associant l'ADN à des protéines spécialisées, les *histones*, et en leur conférant ainsi une structure compacte. Chromosomes qui interviendront dans la division cellulaire et qui se retrouveront dans toutes les cellules des végétaux et des animaux. Cette complexité acquise du matériel génétique de la cellule eucaryote va multiplier ses capacités d'adaptation et de contrôle et la sortir définitivement du monde des bactéries.

Ce monde unicellulaire s'étendant des bactéries aux protozoaires s'est ainsi parfaitement adapté aux transformations de l'environnement terrestre et il représente encore de nos jours plus de la moitié de la biomasse totale de la Terre. La plupart de ces organismes unicellulaires sont capables de synthétiser les éléments nutritifs dont ils ont besoin. Certains d'entre eux se divisent plus d'une fois par heure. Aussi peut-on s'interroger sur le besoin qu'ils eurent de s'associer en organismes pluricellulaires. Il est probable que le premier stade consista en la formation de colonies multicellulaires, comme nous l'avons entrevu plus haut, par accolement des cellules filles aux cellules mères dont elles dérivaient.

On connaît de telles colonies, les *myxobactéries* par exemple qui trouvèrent avantage à mêler leurs enzymes individuels afin de digérer en commun leurs aliments et en tirer un rendement supérieur. Les algues vertes, par exemple, sont des eucaryotes qui peuvent exister sous la forme d'organismes uni- ou multicellulaires. Unies, des cellules flagellées évoluant par paires de 4, 8, 16 ou 32 cellules sont capables de propulser leur colonie en une même direction. Spécialisation et coopération vont former un organisme pluricellulaire coordonné, plus riche de potentialités qu'aucune de ses parties constituantes. L'éponge de mer que les scientifiques considèrent comme l'animal (et non végétal) pluricellulaire le plus primitif mérite à cet égard que l'on s'arrête quelques instants sur elle.

Les éponges de mer sont en effet considérées comme le premier maillon de la chaîne animale et, en ce sens, le précurseur sensible de ce que nous sommes. Apparemment simples dans leur constitution, analogue à un sac dont les parois sont constituées de deux feuillets cellulaires, elles ne possèdent pas dans leurs formes les plus simples d'organes spécialisés. Elles ne seraient qu'un assemblage de cellules ayant appris à vivre en communauté. Elles représenteraient, en outre, l'étape clé *du passage des eucaryotes unicellulaires aux eucaryotes multicellulaires,* soit des protozoaires aux métazoaires. On fixe leur apparition à environ 650 millions d'années.

Cette position privilégiée de l'éponge à l'origine du monde pluricellulaire porta naturellement les scientifiques, dès qu'ils en eurent la possibilité, à déchiffrer le génome de ce premier chaînon animal. Ils choisirent de séquencer celui de l'une de ces éponges, *Amphimedon queenslandica.* Ce qu'ils en obtinrent dépassa toute leur curieuse attente. Ce génome est constitué de 18 000 gènes, somme apparemment considérable si l'on sait que l'homme en possède 25 000[2]. Certains d'entre eux sont les homologues de ceux que l'on connaît pour le rôle qu'ils ont dans l'adhésion des cellules entre elles, la formation de la cellule musculaire, voire du neurone chez les animaux plus évolués et, donc, leurs lointains et imprévus successeurs.

Un constat qui fait de l'éponge de mer un être vivant beaucoup plus complexe qu'on le supposait. Il me fut permis dans le discours de réception à l'Académie française de Jules Hoffmann, que je prononçais en juin dernier, de mentionner que cette même éponge partageait avec l'homme le récepteur cellulaire impliqué dans les processus de l'immunité dite innée dont la découverte valut à notre confrère le prix Nobel en 2011. Constat à vrai dire époustouflant même si les gènes que nous possédons gardent par l'épigenèse une pluralité d'expression sans doute plus grande que ceux de ces êtres primitifs. Il permet de poser l'hypothèse qu'une part de ces capacités génétiques de l'éponge aient été déjà héritées de cellules eucaryotes très évoluées qui se seraient rassemblées en un organisme durant les 150 à 200 millions d'années précédant son apparition.

Ainsi trouvons-nous déjà une grande part des aptitudes essentielles du vivant celles qui permettront, aux invertébrés tout d'abord, marins puis terriens, aux vertébrés ensuite, de s'adapter à leur environnement et me permettre en ce petit matin d'été d'être devant mon ordinateur et d'y tracer ces lignes. Et d'inscrire dans ma généalogie, parmi mes premiers ancêtres pluricellulaires, l'éponge, laquelle possédait déjà l'héritage touffu des gènes que les êtres unicellulaires avaient de-ci, de-là collationnés au fil de millions d'années. Ainsi à l'immuable et colossal fond des êtres unicellulaires s'est superposée l'étonnante variété des êtres pluricellulaires forts des gènes qu'ils en auront hérités.

Il nous faut bien admettre que nombre d'arguments nous consacrent héritiers de cette petite et étonnante cellule dont nous venons de rappeler l'histoire. J'en quitte, en cette fin de matinée d'écriture, la passionnante aventure alors qu'elle va devenir désormais le maillon commun à tous les êtres vivants, faune ou flore, avec lesquels je partage ainsi le privilège de vivre. La mer fut le lieu privilégié où cette cellule sut engranger dans son enveloppe les secrets de maints projets à venir, ceux dont nous sommes issus. Cette mer immense qui brille devant moi fut sienne, et cela ne laisse d'étonner quand on imagine la grande variété des êtres vivants qui habitent désormais ce vaste aquarium et coexistent avec elle. Monde cruel en vérité, dans lequel l'obligation de dévorer l'autre se déploie dans cet espace liquide où nulle trêve ne semble jamais exister. Et pourtant, tout en cet instant me porte à le rejoindre, le ciel, la lumière d'un soleil déjà haut, faisant du sable de l'immense plage de La Baule, ce parterre brûlant où je tracerai dans un instant mes pas. Une plage qui semble à cette heure n'être destinée qu'à moi seul, mienne aussi, tout comme la mer qui va la recouvrir. Avec la promesse pour moi d'événements simples et sans surprises, à la manière d'un bonheur ressassé, mais toujours nouveau. Une longue marche sur le sable mouillé et luisant de ciel, une pause, ravi du jeu de couleurs de la mer descendante, ou curieux du vol des mouettes rasant la vague montante en quête d'un riche butin. Et puis, ce bain breton, froid, dans une mer qui nous porte et dont je sortirai revigoré, esprit neuf et peau salée. Baptême païen en quelque sorte, en cette eau de nos origines dont nous gardons la trace, peut-être d'ailleurs en nos larmes qui ont avec elle le sel en partage. Humectant à chaque clignement la cornée de nos yeux, celles-ci conserveraient-elles comme le souvenir de l'immersion forcée dans cette mer des cornées des poissons aux yeux sans paupières ? Un avantage qui rendrait le sel nécessaire à la transparence de nos cornées ? Amusante question, de celles dont on ne sait si elles sont sérieuses ou saugrenues, de celles qui, soudain, se posent au chercheur que je fus et dont on ne sait si elle aura une réponse. Rappel émouvant d'un autre temps, celui qui me mêlait à la vie des sciences, alors que la longue allée qui s'ouvrait devant moi a désormais perdu son horizon. Brève nostalgie qu'un trait de soleil efface, alors que je retrouve le charme de ma terrasse et que de mes yeux, tout en déjeunant, je ne quitte pas le spectacle de la mer qui scintille alors de tous ses feux zénithaux, présente toujours en moi autant par le goût que j'en ai que par ce que je lui dois.

X

Et advint l'explosion du vivant

La plus grande période d'évolution de la faune et de la flore s'est donc déroulée entre il y a 2,85 milliards et 0,57 milliard d'années. Une évolution qui n'avait rien de fatal, comme l'affirme Alexandre Meinesz[1] pour lequel « le développement de la vie complexe ne représente qu'une voie de l'évolution et n'est pas une règle générale ». Il prend pour argument que les êtres unicellulaires restent dominants sur notre planète. Ils ont sans cesse évolué par un jeu de « bricolage interne ». Ce serait, pour lui, les contraintes de l'environnement marin littoral qui auraient induit une « stratégie » de vie communautaire. « La pluricellularité et la spécialisation des cellules ont été acquises, dit-il, au sein de lignées très distinctes (animaux, champignons et plusieurs lignes de végétaux photosynthétiques). Il est admis que pendant cette longue période de près de 2 milliards d'années le milieu marin fut plus favorable aux êtres unicellulaires qu'aux pluricellulaires. » Théorie qui conduit à cette supposition que ce ne fut qu'à l'aube du cambrien, il y a environ 500 millions d'années, que se produisit cette « explosion du vivant[2] » sous la forme d'une variété infinie d'êtres pluricellulaires *visibles à l'œil nu*. Ce qui correspondrait à une montée de la proportion d'O_2 dissous dans les océans à partir de 0,57 milliard d'années, même si l'absence de vestiges antérieurs ne nous permet pas d'affirmer que des êtres pluricellulaires n'ont pu précéder en vérité cette date de longtemps.

Ainsi de ce monde strictement unicellulaire naquit un monde multi-, puis pluricellulaire, ébauchant progressivement une communauté de besoins et d'actions, une voie qui conduira à l'infinie variété des êtres vivants. Quoi qu'il en soit, c'est la cellule qui en reste le constituant élémentaire majeur (la fameuse brique du vivant) et le grand responsable de ce dénominateur commun de la vie qu'est la reproduction. Tout être vivant, qu'il soit constitué d'une seule cellule, de quelques-unes ou de milliards de cellules comme nous-mêmes, ne survit que parce que chacune de celles-ci, à de rares exceptions près, se divise sans cesse et régulièrement afin de contrôler tout d'abord la croissance de l'organe ou de l'individu, puis son renouvellement à l'identique tout au long de la vie, voire sa réparation[3]. Chacune d'entre elles lors de sa division donne naissance à deux cellules identiques contenant le même matériel cellulaire ainsi que la même conformation chromosomique. Deux cellules filles auront le même nombre de chromosomes que leur cellule mère. Ce mécanisme a lieu dans toutes nos cellules qui dupliquent ainsi, tout comme la bactérie, un matériel génétique à l'identique. Nous retrouvons dans cette reproduction dite « végétative » de nos cellules humaines, toujours le même nombre de chromosomes, soit 22 paires de chromosomes jumeaux, plus 1 paire de chromosomes sexuels (différenciés), soit en tout 46 chromosomes équipant chacune de nos cellules.

Ce mode de reproduction commun à tous les tissus et qui dure autant que nous sommes en vie s'est pourtant singularisé dans des organes particuliers, ceux de la reproduction. Et ce n'est pas une petite affaire lorsque l'on sait tout ce qui en résulta. Elle est basée sur le fait que ces cellules dites reproductives ne possèdent que la moitié du nombre de chromosomes habitant le noyau des cellules habituelles. La division par deux du nombre des chromosomes de ces cellules reproductives est un fait majeur, car c'est à partir de ce phénomène de réduction chromosomique que la *reproduction sexuée* va s'imposer chez pratiquement toutes les plantes et chez tous les animaux.

Ainsi, chez l'homme, la méiose ou division de chaque cellule mère dans le testicule ou l'ovaire contenant 46 chromosomes donnera deux cellules contenant 23 chromosomes par dédoublement des paires initiales des chromosomes jumeaux et de la paire de chromosomes sexuels. C'est ce que contiendront nos spermatozoïdes et nos ovules. Ce qui confère une situation d'attente à ces gamètes qui ne reconstruiront que par leur union au cours de la fécondation un patrimoine génétique normal. C'est alors que cette rencontre permettra la recomposition d'une cellule à 46 chromosomes constituée de ce double jeu de 23 apportés par l'un et l'autre gamètes ; elle marque ainsi le terme de la reproduction sexuée, seule manière pour ces cellules de survivre. Un tournant phénoménal dans l'histoire du vivant dont les conséquences seront à l'évidence considérables tant au point de vue évolutif que comportemental.

On ne peut que formuler des hypothèses en ce qui concerne l'apparition de cette étrange réduction chromosomique des cellules et, par conséquent, d'un nouveau mode de reproduction. Et tout d'abord, il fallut bien qu'il existât initialement un *doublage* de ces chromosomes, primitivement unique en leur structure, quel qu'en soit leur nombre à l'intérieur du noyau, et qu'un processus nouveau ait conduit à doter chacun d'entre eux d'une copie. Serait-ce par une erreur de recopiage que ce doublement chromosomique apparut ? Ou par l'acquisition d'une deuxième chaîne de chromosomes à partir d'une autre cellule de même lignée qui aurait été phagocytée, cannibalisée, devenant ainsi plus performante, plus sécurisée par le doublement de son jeu chromosomique, en tirant alors un avantage évolutif sur ses consœurs qui n'en gardaient qu'un ? Ce qui n'est pas moins étonnant, c'est l'apparition de la possibilité de se diviser par deux par un phénomène inverse comme la méiose, imposant pour la plupart de végétaux et des animaux l'obligation d'un mode de reproduction exigeant la fusion de deux gamètes dont on sait qu'ils ne contiennent l'un et l'autre que la moitié de leurs chromosomes, par le biais d'un rapport sexuel dont découlera un brassage génétique porteur d'une créativité évolutive surprenante. C'est pour Meinesz[4], comme pour de nombreux biologistes, un processus majeur qui pourrait à lui seul expliquer l'« essence de la vie », « le reste ne dépendant que d'une longue suite de transformations et de catastrophes ».

XI

Du génie du vivant

Ces capacités d'adaptation de la cellule à son environnement ne laissent d'étonner. J'avais à peine entamé ma carrière d'ophtalmologiste qu'une question ne cessa de me troubler et que résuma l'un de nos maîtres anglais, Sir Stewart Duke-Elder, dans un *textbook* fameux de l'époque dont il était l'auteur : « Qui a conduit une goutte de cytoplasme cellulaire vers les délicates structures de l'œil ? » Une question si importante que Darwin lui-même avouait que se la poser lui donnait mal à la tête ou encore que de comprendre « comment un nerf devient sensible à la lumière nous concerne encore plus que de savoir comment la vie elle-même a commencé ». Une réponse en forme d'interrogation qui n'éclairait guère. Le cher Emmanuel Berl, auquel j'eus un jour le plaisir de poser la même question au cours de l'un des merveilleux et nombreux entretiens que j'eus avec lui, me conseilla de ne me la plus poser ou de me contenter d'en trouver la réponse en l'harmonie d'un monde qui avait su doter l'œil de l'aigle, comme celui de l'homme, d'une telle beauté et d'une telle efficacité que cela constituait en réalité la seule réponse possible. Et pourtant, c'est cette même question qui me porta à écrire mon premier livre[1] et m'engagea sur ce troublant et fascinant chemin.

Dans le monde aquatique et minéral nous devons convenir que dans les tout premiers temps il n'était pas d'oreilles pour entendre ni d'yeux pour voir et que si les premières cellules vivantes étaient sensibles à la lumière, elles ne la voyaient pas. Il fallut des centaines de millions d'années pour que le vivant se dote d'un véritable œil et se lance dans la quête acharnée d'une image du monde. Ce monde vivant est né avec la lumière et tout a commencé avec les réactions qu'il entretint avec elle. Mais la sensibilité à la lumière qui se révéla capable d'orienter les premières cellules, les amibes par exemple, d'orienter les pétales de la fleur ou les feuilles de l'arbre n'était que phototactisme, mouvement d'attraction ou de répulsion à la lumière, et non vision. Car un organisme peut réagir à la lumière sans le recours à un organe spécifique. Tout différent sera celui qui possédera un tel organe capable de saisir une image, fût-elle fort imprécise, mais susceptible de l'orienter dans l'espace. Si la sensibilité à la lumière permit au départ à une étoile de mer ou à un oursin par exemple de se localiser entre les rochers marins par rapport à la lumière ou à l'ombre, elle permettra plus tard, dans des formulations anatomiques et physiologiques de plus en plus complexes la perception d'images et, par là même, celle d'un environnement aussi riche d'avantages que de nuisances.

Le plus surprenant est l'infinie variété des essais qui furent engagés dans cette quête d'un appareil visuel, hésitant entre plusieurs types possibles que la sélection conservera ou éliminera. Ainsi plusieurs solutions seront-elles adoptées alors que d'autres disparaîtront. Mais, au travers de tant d'essais, ce qui est remarquable, c'est que les principes majeurs de la vision demeureront toujours présents : l'*absorption des photons* par l'intermédiaire d'un pigment photosensible, la rhodopsine, que l'on retrouve déjà dans l'*eyespot*, cet œil primitif fait d'une simple tache de pigment sensible à la lumière que possèdent les êtres unicellulaires, mais aussi tout au long de la chaîne évolutive jusque dans nos photorécepteurs rétiniens, cônes et bâtonnets, la *réflexion* sur des écrans mélaniques, la *réfraction* par des lentilles et la *proximité d'un ganglion nerveux ou du cerveau* pour en interpréter les effets. Ainsi invertébrés et vertébrés sauront-ils exploiter ces recettes pour l'élaboration d'une variété infinie d'yeux, simples ou composés (à facettes), leur permettant avec plus ou moins de succès de percevoir l'environnement dans lequel ils survivront, prédateurs eux-mêmes ou proies offertes dans une quête alimentaire permanente ou dans celle d'un partenaire accueillant leurs gamètes dans le but imposé de maintenir l'espèce.

Alors que je rédigeais ce livre consacré à l'œil, cette diversité de forme, d'apparence, d'adaptation me fascina. J'en feuilletais l'inventaire avec bonheur. Le monde marin primitif fourmillait de vers, d'animalcules aux yeux rudimentaires, mais aussi de mollusques dotés d'yeux déjà très proches des nôtres. Les arthropodes, marins ou aériens, quant à eux, avaient opté pour l'« œil composé », à facettes. Représentant 80 % de la faune vivante, ils avaient « inventé » depuis des centaines de millions d'années la plus grande variété d'yeux ;

une paire le plus souvent, parfois deux, offrant même quatre yeux au scorpion, ou huit à l'araignée. Cette différence morphologique qui séparait l'*œil composé* des invertébrés de l'*œil simple* de vertébrés posait toutefois il y a vingt ans le problème non résolu de leur filiation. Tout portait à penser que, quoique disposant d'éléments communs, les yeux des vertébrés et ceux des invertébrés différaient dans leur cursus évolutif et peut-être dans leur origine.

C'est à la génétique que nous devons de posséder désormais une réponse. Elle a démontré l'existence d'un gène architecte contrôlant dès les premiers temps l'assemblage du matériel oculaire, valable pour tous, la Nature étant riche d'un « truc », comme le disaient ses découvreurs en 2002, Douglas Erwin[2] et Eric Davidson[3], capable de contrôler la formation de tous les yeux à venir. Ce truc, c'était le gène *Eyeless* de l'insecte, maître universel du développement de l'œil chez ces animaux et si proche du gène *Pax 6* de l'homme. Fort de ce savoir quel ophtalmologiste, quel homme ne s'extasierait sur l'œil, cette prouesse de la nature que rien n'imposait *a priori* à LUCA et qui naquit pas à pas, transformant la simple caresse de la lumière sur un cytoplasme indifférent en une perception de l'environnement telle qu'elle permit au monde vivant de se reconnaître, de survivre et d'évoluer, faisant de la vision le sens le plus totalement mêlé par ses connexions aux aires cérébrales et l'un des éléments clés de la pensée et de la conscience ?

Cinquante années de ma vie d'ophtalmologiste n'ont pas épuisé l'intérêt que je porte à l'une des plus extraordinaires créations du monde vivant. J'eus ce bonheur d'en admirer les aspects au travers d'une diversité esthétique infinie, mais aussi les prouesses. Il m'appartint pendant plus de trente années de comprendre comment notre cornée, ce dôme au travers duquel on devine l'iris et la pupille, était d'une transparence admirable et d'étudier comment, au travers des espèces, les diverses modalités qui l'entretiennent ou qui l'adaptent aux situations particulières sont originales et infinies. Il est commun de penser que l'œil humain frise par ses adaptations à nos vies la perfection. Et pourtant, il n'a pas retenu parmi ses avantages la capacité de percevoir l'ultraviolet, ces ondes inférieures à 400 nanomètres qui font le bonheur des abeilles ou des papillons. Leur œil composé possède des récepteurs à ces ondes-là donnant aux fleurs que l'on perçoit jaunes une variété de teintes tout à fait différente orientant leur butinage. Nous n'avons pas non plus hérité des récepteurs à la lumière polarisée qui ornent leurs yeux. Ceux-ci leur permettent de s'orienter par rapport au Soleil, GPS naturel et horloge de surcroît, car à la fois sensible à la position du Soleil et à son déplacement dans le ciel. Des avantages dont nous possédons sans doute quelque part dans notre génome quelques traces muettes. Mais n'est-il pas facile de se consoler au seul constat des performances de mon œil, celui qui me permet en quelques millièmes de seconde non seulement de voir le graphisme de chaque mot et d'en comprendre le sens sur la simple transmission, en mode binaire, des impressions qu'ils imposent à ma rétine, aux relais multiples d'un cerveau qui les décrypte ? Admirable et à peine imaginable, n'est-ce pas ?

XII

Des mutations à la sexualité

En ce beau matin d'été, un couple de tourterelles se bec-
quette sur le long fil qui relie la villa qui me fait face au
réseau téléphonique. Elles en font le support de leurs rencontres, de leur sommeil, elles accompagnent ainsi mes jours,
disparaissant à certaines heures pour je ne sais quelle destinée,
mais regagnant fidèlement leur place sur ce fil qu'elles affec-
tionnent. Elles me semblent même y passer leur nuit, la tête
enfouie sous leur aile. Il n'est rien de plus drôle que leurs
élans amoureux. Du moins ceux du mâle qui abandonne
la place où il paraissait somnoler et qui soudain s'anime et
rejoint sa compagne avec des intentions dont elle devine
parfaitement l'objet, mieux que nous-mêmes. Parfois même,
à son approche, ce séducteur fait d'inénarrables courbettes
afin de préciser ses intentions s'il pense que l'on ne l'a guère
compris. C'est que le plus souvent, ce me semble, sa compagne reste indifférente au désir de son compagnon, voire
affiche une franche opposition, le maintient à bonne distance
et le fuit. Un jour prochain pourtant, elle s'offrira dans un

bruit de plumes ébouriffées si bref que l'on s'étonne de l'apparente indifférence qui frappe nos deux amants, oubliant instantanément le motif qui les rapprocha. Exemple d'un comportement directement lié à cet étonnant phénomène biologique qui imposa la sexualité au monde vivant et le conduisit à engendrer l'infinie variété végétale et animale qui nous entoure au travers des apparences les plus diverses, voire les plus extravagantes et qui ne laissent de nous étonner.

À l'origine d'une telle prolifération se situent des transformations en chaîne qui s'étalèrent sur 2,8 milliards d'années et qui permirent de passer de la cellule initiale à cette variété infinie d'êtres vivants, des plus petits aux plus grands, des plus simples aux plus complexes, du ver marin, du minuscule insecte aux animaux marins, terrestres, aux mammifères héritiers des poissons, des batraciens, des reptiles, des oiseaux et à ce primate précisément dont l'homme sera finalement l'héritier au fil de quelque 7 millions d'années supplémentaires. On conçoit qu'une telle affirmation scientifique ait pu désenchanter les poètes et troubler ces créationnistes dont la foi et le prosélytisme mis à mal les portent aux réactions extrêmes. Toutefois, même convaincu de l'authenticité des mécanismes évolutifs du monde vivant, il n'en reste pas moins difficile de comprendre comment on parvint à cette impressionnante diversité des végétaux et des animaux et comment nous, prétendus princes de la Terre, nous en soyons directement issus.

Faisons-nous un peu biologiste pour le comprendre. Deux mécanismes furent à la base de l'*évolution* : les *mutations* et la *sexualité*. Depuis Lamarck et Darwin, on sait que les organismes sont capables de se modifier et de transmettre une part des modifications ainsi acquises. On constate qu'il existe de ce fait un tri parmi les descendants qui favorise les mieux adaptés et que les facteurs qui en sont responsables se retrouvent dans les générations ultérieures. C'est la sélection naturelle. La découverte de l'ADN par James Watson[1] et Francis Crick[2] en 1953 (ce qui leur valut le prix Nobel) allait offrir aux chercheurs le concept d'une *information génétique* codant les protéines, conditionnant la structure et les fonctions de la cellule, mais aussi la notion que l'information liée à l'ADN se transmet de cellule à cellule et se conserve de génération en génération. Certes, d'une façon répétitive et normale, mais parfois avec des erreurs dans le recopiage de ces brins d'ADN. Erreurs se situant aussi bien au niveau d'une cellule isolée, une bactérie par exemple, qu'à celui des ensembles cellulaires qui composent les végétaux et les animaux.

Ces *mutations* qui en résultent peuvent tout aussi bien se révéler profitables aux descendants que néfastes, la plupart ne se traduisant cependant par aucun effet perceptible. Ces mutations peuvent dépendre de processus intracellulaires ou de conditions environnementales (mutagènes), telles les radiations ionisantes par exemple, lesquelles vont modifier la mémoire cellulaire de façon le plus souvent fortuite. Elles peuvent entraîner des mutations de petite amplitude, sans retentissement important, ou de grande amplitude, modifiant considérablement l'évolution du porteur de celle-ci. Ces dernières peuvent être avantageuses et doter la cellule de nouvelles structures, de nouvelles fonctions, voire donner naissance à une nouvelle espèce. Certaines d'entre elles sont, au contraire, néfastes, voire létales, ou à tout le moins créent un handicap sur le plan compétitif. Mais, au-delà même de ces mutations circonstanciées, on sait désormais grâce à un chercheur japonais, Motoo Kimura[3], « qu'il existe aussi une modification constante de l'information génétique dans le temps, de génération en génération ». Leur traduction par les modifications moléculaires qu'elles entraînent et celles des caractères qu'elles induisent sont donc régulières[4], mais « sans "but prédestiné" ; elles relèvent ainsi du hasard et les transformations consécutives restent toujours soumises à la sélection négative (les mutants délétères sont éliminés). Il y a ainsi des hasards heureux pour les mutations apportant une amélioration sensible et des hasards malheureux pour les mutations désavantageuses pouvant causer la mort[5] ».

À ces mutations intervenant dans le génome de la cellule s'est ajouté un mode évolutif majeur lié à l'émergence de la *sexualité* ; il repose sur une recombinaison des chromosomes de la cellule mâle et de la cellule femelle au cours de la fécondation, sur un mariage (*gamos*) donc entre les deux jeux de chromosomes similaires portés dans le noyau (des gamètes), celui du spermatozoïde et celui de l'ovule. Il peut paraître simple, en effet, cet appariement chromosomique, mais pas autant qu'on pourrait le croire. Car l'accolement des chromosomes homologues, l'un venant de la mère et l'autre du père, ne se fait pas aussi simplement que l'on peut le supposer, c'est-à-dire à la manière d'un « emboîtage » de l'un dans l'autre. Ils s'apparient, certes, mais peuvent se croiser, échanger certaines de leurs portions chromosomiques, le tout conduisant à un vrai brassage des gènes qu'ils portent (brassage chromosomique). De surcroît, une fois réunis, ils répartiront aléatoirement leurs gènes dans leurs cellules filles que seront les ovules et les spermatozoïdes. Ce mélange des chromosomes (brassage interchromosomique) fait que les ovules produits par la mère et les spermatozoïdes produits par le père sont ainsi tous différents.

Avouons que cette infinie variété de gamètes mâles ou femelles qui s'apprêtent à s'unir laisse entrevoir un nombre faramineux de combinaisons génétiques dont il n'est pas certain qu'elles soient favorables à l'enfant qui va naître. Se peut-il que nous autres nés de cette union ayons bien pris conscience des risques alors encourus ? Pensées que nos parents, dans l'élan de leur amour et leur innocence, n'envisagèrent pas le moins du monde, faisant confiance à l'heureuse issue de leur étreinte et à la favorable fusion de leurs gènes tout en oubliant tous les aléas que celle-ci comporte. En premier lieu, la furieuse compétition des spermatozoïdes qui vont vouloir pénétrer l'ovule qui leur sera présenté. Car un seul d'entre eux y parviendra en vertu de je ne sais quelle qualité particulière ou de quelle rouerie héritée, unique en sa formule et détenteur d'un génome, le plus souvent neutre, voire avantageux, mais aussi parfois redoutablement pathogène. Il en est de même pour l'ovule proposé par la mère. Celui qui recevra l'hommage de ce seul spermatozoïde autorisé à le faire.

En cette heure matinale du jour qui s'annonce, je me félicite de ce que le mariage des deux gamètes de mes parents n'ait pour le moins conduit qu'à la situation qui me convient, n'ait uni que des gènes convenables et mis à l'écart ceux qui, chez mes ancêtres, en avaient fait des myopes, des diabétiques ou des luxés de la hanche si fréquents en ce Bas-Léon où ils vivaient. Chaque fécondation pourrait donc être comparée à une vaste loterie aux lots imprévisibles si elle ne reposait que sur le strict hasard des combinaisons ouvertes.

Bien des conditions en modulent heureusement l'accomplissement. Certaines contrarient l'union de gamètes « suspects » ou impliquent un échec à terme de cette union. Celles qui en favorisent le cours ne laissent de surprendre ; elles imposent un parcours terrifiant aux quelque 150 millions de spermatozoïdes que contient l'éjaculat dont nous devons naître, et dans lequel se trouve l'unique d'entre eux qui pourra se fusionner avec l'ovule niché dans la trompe utérine de la future maman. De cette armée innombrable il ne sera donné qu'à quelques centaines d'entre eux de traverser la glaire obturant le col de l'utérus – véritable Bérézina – grâce à la maturation qu'ils auront acquise, les dotant de la capacité de percer de leur tête (l'acrosome) la paroi pellucide promise de l'ovule. Un marathon exténuant, favorisant les plus accomplis, mais aussi les plus rapides du fait de la sensibilité des récepteurs de leur flagelle à une hormone (la progestérone) présente dans la trompe. Une maturation qui ne doit être ni trop rapide ni trop tardive en réservant les capacités physico-chimiques de leur acrosome à pénétrer la paroi de l'ovule qu'au tout dernier moment, profitant même de ce que ses concurrents s'en soient libérés trop tôt. Une sélection qui va déterminer en outre le sexe de l'embryon : masculin si le spermatozoïde fécondant porte le chromosome Y, lequel va s'unir au chromosome X de l'ovule selon la formule XY ; féminin si le spermatozoïde portant, au lieu du chromosome Y, le chromosome X qui, s'unissant à l'X de la mère, donnera la formule XX.

Ainsi fus-je moi-même conçu porteur de tous les caractères XY qui m'appartiennent en propre même si je garde dans mon apparence les traits mélangés de mon père et de ma mère et sans doute certains de ceux de mes grands-parents, de mes frères, mais aussi de tous ces ancêtres dont j'ignore pratiquement tout, sinon leur nom depuis le XVIIe siècle. Certes, à tous ceux-là, je suis redevable des gènes exprimés dans mon génome, mais aussi de tous ceux qui les précédèrent. Ne suis-je pas contraint d'admettre parmi mes ancêtres cet homme des cavernes dont j'aimerais qu'il soit plutôt l'artiste de Lascaux que la brute assassine de son voisin ? Mais je serais trop ingrat s'il m'arrivait d'oublier qu'il portait lui-même tous les gènes hérités et sélectionnés au cours de l'immense cascade cellulaire du vivant qui le précéda. Laquelle, au travers de toutes ses formes et ses fonctions successives, s'adapta aux conditions que le milieu extérieur lui imposa en permanence.

À ce constat, j'aurais presque un vertige à considérer la longue chaîne qui me lie à LUCA, mais savoir que, de l'éponge ou de l'étoile de mer, je garde le souvenir en mes muqueuses et ma peau, que l'œil de l'insecte possède déjà la fabuleuse formule de ma vision et que, d'espèce en espèce, mon génome a transité par les solutions successives qui furent proposées à l'évolution au travers des poissons, des batraciens, des reptiles, des oiseaux, puis de mes cousins proches, les mammifères, ne peut me laisser indifférent, sinon reconnaissant.

Jamais je ne fus plus sensible à cette perception immédiate et partagée de la vie animale que lorsque, seul chevauchant, j'inscrivais ma monture dans la silhouette de centaure que nous offrions aux yeux de tous ceux qui sur terre et dans le ciel partageaient la joie de vivre. J'aime à m'en rappeler les instants. Je me revois alors galoper dans les allées d'une grande forêt, comme je le fis pendant cinquante années, et sentir à nouveau glisser sur mes joues la fraîcheur de l'air que la vitesse impose, et que résonne le bruit des sabots sur le sol d'une immense et interminable allée. Cette évocation certes me réjouit, mais en même temps elle m'afflige. Une pensée morose m'envahit : celle du « jamais plus ».

Jamais plus je ne retrouverai à l'aube l'écurie de Maisons-Laffitte, la stalle de mon Escorial, cette odeur animale mêlée à celle du foin souillé, le bonheur partagé de l'étrille, les façons rouées de le seller et la joie de partir seul avec lui au gré de nos humeurs nous perdre, sans jamais nous égarer, dans la somptueuse forêt de Saint-Germain. Le souvenir de mes chevaux, ceux qu'enferment mes synapses, se réanime ainsi au gré d'un hasard dont j'ignore le mystère. Furent pendant toutes ces années mes complices : Rei-Djerba, un anglo-arabe vaillant et retors, Cadet, un selle français, trotteur réformé dont le difficile passage au galop me valut une fracture du bras, Octave du Château, superbe selle français, athlète magnifique de robe grise, qui me fut cédé par l'ami Guy Schoeller et auquel Maurice Puyalte, ce polytechnicien qui n'aima que les chevaux, enseigna les pas d'école que je m'efforçais d'imiter et, enfin, Escorial, play-boy équin, lusitanien digne de l'écran, étalon de 6 ans hérité de l'ami mort, Raymond Thiault, et dont la fougue liée à la discipline m'offrit cinq années d'une équitation exceptionnelle. Celui dont j'aimais parler avec Philippe Noiret qui montait avec le même bonheur son cousin.

Une chevauchée de cinquante années dont j'interrompis le cours malgré moi et par raison, l'âge m'ayant crédité d'une anomalie cardiaque nécessitant une réparation dont il me fallut respecter les effets et surtout accompagner d'un traitement m'interdisant désormais de retrouver mon bel étalon. Aussi abandonnai-je toute velléité de retour à ce que j'avais aimé et enfouis-je en mes souvenirs la matière des rêves qui me reviennent. En cela je ne fis qu'imiter mon ami et patient Paul Morand pour qui ne plus monter à cheval fut une blessure qu'il eut du mal à panser. Il m'en fit la confidence au cours de l'une de ces conversations qui nous portaient à parler « cheval ». Il aimait me questionner sur mes chevaux, leur origine, comparer leurs qualités, évoquer les siens, leurs allures, me faire profiter de la connaissance qu'il avait des grands maîtres français, et des joies uniques que l'équitation lui avait données.

Un jour, il me confia qu'il ressentait avec douleur la présence de tout ce qui lui rappelait chez lui ce passé heureux, ses bottes, ses culottes, ses mors, ses étriers, tout ce qui pendait là sous ses yeux et qu'il ne revêtirait et n'utiliserait plus. Aussi prit-il la décision, quelque temps après l'un de nos entretiens, de me désigner comme le destinataire de ces témoins d'un passé qu'il avait tant aimé, mais dont le rappel le faisait souffrir. Il me l'annonça tout de go, à sa manière, quittant le propos médical qui nous réunissait régulièrement pour parler de tout autre chose. Je le revois encore quittant le fauteuil dans lequel il était assis et qu'il n'aimait guère garder longtemps ; tournant alors dans mon office sur ses jambes curieusement arquées, allant d'un meuble à l'autre, tout en alignant en de courtes phrases des sentences toujours drôles et souvent dures. Elles s'assortissaient d'amples mouvements des mains comme pour donner de la force à son propos.

C'est au cours de l'un de ceux-là qu'il m'apprit qu'une malle allait quitter l'avenue Charles-Floquet, pleine de ses tenues de cheval, d'été, d'hiver, de ses multiples bottes rousses ou noires, avec ou sans retroussis, munies de leurs embauchoirs, de ses étriers, des mors, des éperons, de ses brides, de ses cravaches ou sticks anglais, bref, de tout ce qu'il avait acquis pendant la longue période où l'équitation avait réellement compté pour lui, par ce qu'elle était en soi et par les rencontres qu'elle lui avait permis de faire, et dont certaines rendaient encore plus vif et sensible le souvenir de celles-ci. Aussi arriva-t-il chez moi cette grande malle dont je garde encore pieusement les effets et dont je ne pus utiliser, relativement aux tailles ou aux pointures, siennes et non miennes, que peu de chose mais dont les éperons aux mollettes usées chatouillèrent dorénavant le ventre de mes chevaux.

Il ne fut pas une promenade sans que j'eus depuis lors la conscience de la présence de l'ami Paul en tous les lieux qu'en selle je parcourus, tant qu'il vécut et davantage encore après qu'il nous eut quittés. N'avais-je pas avec lui en partage ce que nous aimions, cette illusion d'être un autre être vivant, fort de l'exquise alerte de sa monture et de l'adresse de son maître, cette addition de leurs quatre yeux, ceux du cheval, si excitables au moindre mouvement qu'il identifie à un risque, et ceux de l'homme qui en précisent l'exacte nature ? Et ce retour à la forêt qui veut même que les compagnies de chevreuils ne s'étonnent guère de l'étrange couple ainsi formé et s'accommodent de sa présence ? Ce retour fait des odeurs mêlées, au petit matin, des herbes humides, des taillis feuillus, des feuilles mortes, et de la terre remuée, à celles propres au cheval dont la sueur fumante excite les narines du cavalier, ce cavalier qui, de sa selle, porte son regard au-delà des buissons et des taillis pour découvrir entre les arbres l'ombre d'une autre vie, la plage lumineuse d'une clairière, ou des promesses d'horizons, et puis arrêtant son cheval, bride sur le cou, lui laissant la liberté de tondre de sa langue quelque herbe fraîche ?

Que dire du calme et du silence qu'il goûte alors et qui ne sont pas sans rappeler cette frémissante inquiétude qu'enfant il éprouvait lorsque, seul s'aventurant en quelque sous-bois, il se croyait perdu ? Un bruit d'aile, le bourdonnement d'un frelon, la perception d'un galop lointain en rompait soudain la magie, et le portait à reprendre d'autres allures. Se mettre en selle n'est pas seulement renouer avec une activité sportive, dont les cavaliers seuls savent les avantages et les bienfaits physiques, c'est y ajouter aussi la capacité d'entretenir avec l'histoire, celle qu'écrivirent leurs grands aînés, dans les manières de soumettre ce quadrupède impétueux, des relations d'une exquise saveur, insoupçonnables pour celui qui les ignore. Celles qui confèrent aux allures choisies cette intime jubilation de n'être qu'un avec sa monture et de partager avec elle un consensus heureux.

Et pourtant quelle étrange alliance que celle du cheval et de l'homme, celle que les siècles ont forgée d'une infinie patience. N'est-il pas étonnant, cet attelage de deux mammifères rescapés du cinquième désastre planétaire, celui qu'une collusion de notre planète avec une volumineuse météorite imposa il y a 65 millions d'années ? Tous deux enfants d'un hasard donc, qui sauva les plus petits, les plus enfouis, les moins exigeants de nos communs ancêtres, ces petits rongeurs qui survécurent aux conditions auxquelles ne résistèrent pas les dinosaures et les trois quarts des espèces vivantes d'alors.

L'imagination qui nous porte à penser à cette chaîne d'êtres vivants, sauvés de la disparition et dont les mutations agrandirent les volumes, différencièrent les fonctions, adaptèrent aux conditions nécessaires à leur survie ne laisse d'étonner. Et pourtant mes mains, celles qui tiennent mes rênes, et mes doigts qui si doucement lui donnent des ordres sont devenus chez lui canon, boulet, paturon et sabot, et mes pieds qui « pincent » son ventre sont chez lui jarret, canon, couronne et pince, toutes différenciations qui me permettent de le chevaucher et à lui de m'emporter à une vitesse qui me grise.

Extravagante rencontre en vérité autour de laquelle je me suis souvent attardé, alors que, rênes longues, mon cheval au pas lent nous ramenait à l'écurie, tous deux repus de galops, de sauts, et d'exercices, à évoquer tous ceux qui en avaient dessiné les charmes et qui ne s'étaient jamais consolés de n'avoir pu accorder leur longévité à la tristement courte vie de leurs montures. Rei-Djerba, Cadet, Octave, Escorial, quatre vies de cheval en la mienne, et la tristesse de leur fin, même si Cadet vécut 31 ans et retrouva à 20 ans le pré où il était né pour y terminer sa vie, entre six femelles qui vouèrent au grand vieillard qu'il était une tendre attention. Ce sont eux qui, de temps en temps, s'emparent de mes rêves et de mes nuits, m'embarquent dans de folles équipées sur des allées qu'aucune borne ne termine.

Cette offrande de la vie parmi tant d'autres me porte à comprendre que l'on puisse oublier tout le chemin aride et tortueux qui conduisit la tout initiale cellule à se multiplier jusqu'à nous construire et nous doter de pensée. Pourquoi même essayer d'aller au-delà du plaisir de la goûter et s'évertuer à en comprendre les raisons ? Oui bien sûr, mais nous sommes doués de pensée.

Certes, nombre de théologiens nous encouragent précisément à en apprécier le Don et à louer Celui qui, tout-puissant, nous en fit l'hommage. Position utile et rassurante en un temps où l'homme n'avait entre ses mains que les preuves balbutiantes d'une vérité scientifique contestable et où son imagination souveraine avait libre cours. Depuis lors, ces théologiens, quoique troublés, bouleversés par les travaux de Darwin et tous ceux qui démontrèrent par la suite le bien-fondé de l'évolution des espèces et de leur transformisme dans le temps admettent – souvent du bout des doigts – que cette évolution est « plus qu'une hypothèse », Jean-Paul II la jugeant lui-même compatible avec la doctrine religieuse catholique[6]. Mais l'hypothèse de l'*intelligent design* américain ou du « dessein intelligent » reste tenace. Elle est pour la plupart de ses adeptes une théorie séduisante, un compromis permettant d'entrevoir, dans les contraintes qui plièrent le vivant à évoluer, une responsabilité majeure : celle d'avoir induit, construit cette harmonieuse Nature et d'avoir déterminé le rôle final que l'homme trouve en son sein, faisant de cet ensemble la traduction d'un déterminisme d'ordre divin, une finalité divine. Habillage anthropomorphique d'une divinité qui ferait de l'humain le prince d'un monde conçu pour lui, et dont la vie ni l'espoir d'y survivre ne seraient vains.

Sauf qu'à y regarder de plus près, il est difficile de prêter à cette théorie une logique déterminante. Dans l'examen par le biologiste des actions que ces forces extérieures imposèrent au façonnage des toutes premières étapes de la naissance de la vie et de l'influence qu'elles eurent sur l'évolution du vivant, la sélection naturelle, il ressort qu'aucun déterminisme n'intervint jamais. Tout ne fut que mécanique céleste, physique et chimie à l'origine de notre Terre et de la vie qui s'y développa. La sélection naturelle s'y organisa et s'organise par un télescopage d'événements fortuits. Ce qui porte le biologiste Richard Dawkins[7] à penser que le « grand horloger est aveugle » et que, dans la sélection naturelle, s'il « choisit » toujours dans un contexte donné les meilleurs rouages, il ne sait pas (ou ne voit pas) qu'il est en train de construire une montre[8]. « Car, pour que des changements favorables apparaissent, soient adoptés et soient transmis, la transformation intime de l'information génétique qui résulte du hasard ou du télescopage de plusieurs événements aléatoires reste soumise à la pression de l'environnement et ce sont toujours les plus performants qui sont sélectionnés. »

Pour Alexandre Meinesz, cette harmonie de la Nature n'est que le résultat d'événements contingents, définissant la contingence comme « une suite imprévisible, indéterminée de plusieurs événements hasardeux ou aléatoires liés par des cascades de cause à effet. Il s'agit d'événements qui échappent à tout calcul de probabilité, un hasard sans aucune prédiction possible. On n'a aucune idée des événements qui vont s'enchaîner, on ne sait pas quand chaque événement inconnu doit se manifester, ni où. C'est un hasard absolu[9] ». Une harmonie de la Nature, celle dans laquelle certains ne voient qu'un « intelligent dessein », n'est en réalité que le résultat d'événements contingents. Tout élément la détruisant rend improbable sa reconstitution à l'identique et la succession d'événements qui la restaureraient conduirait forcément à un résultat différent. « Il en est ainsi pour notre vie, pour les espèces, pour l'histoire du vivant[10]. »

Est-il si amer, ce constat, et si désespérant que l'on veuille encore de nos jours en démentir la réalité au profit d'une utopique alternative ? Et renoncer à porter à la connaissance des hommes le conte fantastique qui fit de notre origine matérielle, sans doute héritée de l'Univers et aux dernières nouvelles peut-être de Mars[11], un être capable de le penser, de le découvrir et de le confronter à son mystère ?

XIII

De l'obligation de s'accoupler

La sexualité, disiez-vous ? Facteur dominant de l'évolution des formes et des fonctions dans l'extravagante variété d'individus, végétaux ou animaux, vivants ou disparus, dont l'homme a pu dresser l'inventaire. Une sexualité qui est si consubstantielle à la vie des hommes et des femmes que non seulement elle leur imposa les règles communes à la reproduction, mais tissa autour des relations qu'ils entretinrent toutes les beautés et les turpitudes de l'amour. Que serait la vie des hommes sans l'amour ? De quelle littérature pourrions-nous vanter l'universel attrait si elle ne concernait l'amour ? Que seraient les livrets d'opéra, les sonates, les lieder, la poésie, la peinture, l'art sans amour ? Que seraient nos rêves ?

Et pourtant tout cela, si essentiel à l'homme, ne s'inscrit que dans l'obligation physique de s'unir à l'autre. Toutes les variétés du vivant qui sont soumises aux règles de la sexualité pour se reproduire, végétaux et animaux, la subissent inéluctablement. Les saisons, les hormones en préparent les actes fécondateurs pour la plupart des espèces en des situations chronologiquement imposées. Même les parades, les plumages, les chants échappent à toute intention et sont soumis à cette mise en condition biologique prédisposant à la copulation. Ainsi cette réduction chromosomique qu'une cellule inventa ou subit sous la contrainte extérieure apparaît-elle comme à l'origine du bouleversement le plus extraordinaire imposé au monde vivant, cette *sexualité* qui domine nos sociétés. Un second mode de reproduction se greffant sur la capacité inhérente du vivant qui fit de toute cellule la fille quasi identique d'une autre cellule.

Jacques Monod[1] dans *Le Hasard et la Nécessité* fait de cette capacité de tout organisme vivant de se reproduire son seul et unique projet invariable et universel. François Jacob[2], son collègue de l'Institut Pasteur, pense quant à lui que toute cellule ne « rêve » que de se reproduire. Pour Dawkins[3], « toute vie ne serait que le porteur provisoire de l'information génétique et son outil reproductif ». Une nécessité incontournable à laquelle la sexualité contribuera par l'obligation qu'elle imposera au spermatozoïde et à l'ovule de s'unir avec pour corollaire l'incroyable variété des êtres vivants qui peuplera la planète. Nous n'existons chacun d'entre nous que par cette nécessité. J'ai bien compris aussi que je lui devais d'être génétiquement unique puisque les gènes qui ont recomposé mon génome ne sont que miens et que ceux qu'avec sa mère nous avons transmis à ma fille font d'elle-même un être génétiquement recomposé et également unique, toutefois très sensiblement ressemblant aussi bien à moi-même qu'à sa mère.

Ce qui est acquis, c'est que de part et d'autre nous n'avons pas hérité de tare visible et que nous n'en avons apparemment (seulement) pas transmise. Un heureux constat dans ce silence évolutif apparent. Même si monsieur Kimura me souffle à l'oreille que mon génome n'a cessé de se modifier au cours de ma vie, et fait de moi cet être matériellement instable qui, se croyant toujours le même, n'est en réalité qu'atomes en sarabande avec un génome moins fiable qu'il le croyait. Quoi qu'il en soit, j'en ai oublié les ruses et ai rallié le jeu de la sexualité, celui que partagent, au risque de disparaître, tout aussi bien que moi, algues, arbres, fleurs, vers, insectes, mollusques, poissons, batraciens, reptiles, oiseaux, mammifères, tous, soumis à cet impératif vital.

Seul peut-être en la naissance de cette sexualité, le vent fut-il responsable sans plaisir de semer les pollens fécondants, mais bientôt les fleurs inventèrent leurs couleurs afin de séduire les insectes. De leurs caresses tirent-elles peut-être même un zeste de plaisir ? La nature entière copule sous la pression des saisons et des hormones. Mais cette union, pour la plupart des espèces, s'assortit d'une joute, sinon d'un combat tragique, laissant au plus fort, au plus beau, au meilleur, l'honneur de la conquête. C'est par la sexualité que la sélection naturelle devint la plus productive, mais aussi la plus impérative, dotant les mâles d'arguments séducteurs et les femelles de l'apparente liberté de s'y soumettre, encore que la mise en condition de leurs sens et les phéromones guident singulièrement leurs choix.

L'oiseau mâle chante pour attirer la femelle et affirmer à ses concurrents qu'il ne les craint guère. Il colore son plumage, entre en parade, soumis à l'ordre impérieux de ses hormones. Et avec avantage si son plumage est le plus séduisant et sa parade la plus convaincante. Son succès ou son échec ne traduira en réalité que l'appréciation qu'en fera la femelle, apparemment déjà soucieuse de l'héritage génétique de sa descendance, mais peut-être aussi du confort du nid que son partenaire lui offrira en lui proposant pour certains d'entre eux de vraies merveilles architecturales.

Le guppy, un poisson, ne perçoit par la partie supérieure de sa rétine que la couleur verte alors que la partie inférieure voit trois couleurs. Paré et coloré pour les noces, le mâle situera sa parade dans le champ rétinien le plus sensible aux couleurs de sa femelle afin d'en être remarqué. Les crapauds sont chanteurs, leurs amours animent nos nuits de leurs basses sonores. Tout comme les chats de leurs miaulements déchirants. Les serpents ne copulent qu'après d'âpres combats entre mâles souvent mortels. Comme la plupart des mammifères. Le cerf qui brame, triomphe brutalement de ses rivaux avant de soumettre à son rut la biche effrayée, mais, préparée par les hormones, à recevoir sa semence. Le lion qui élimine tous les nouveau-nés de la lionne qu'il va couvrir afin d'assurer sa descendance sait colorer son rut de tendresse et de cruauté. La sexualité animale offre une variété si vaste qu'elle entretient à l'infini la création de documentaires télévisuels animaliers !

Toutefois, le comportement sexuel de la majorité des espèces reste lié à de strictes règles biologiques, celles qui conditionnent la reproduction. Ce n'est qu'au cours de l'évolution qu'un comportement spécifiquement érotique en troublera le sens. Dépourvue d'érotisme dans le premier cas, la reproduction reste soumise à des mises en condition cycliques, l'émission de signaux chimiques, dissous ou volatils, qui motivent l'élan copulateur ; c'est tardivement que chez les hominidés s'y superposera une ébauche de participation mentale. Le développement érotique, n'apparut, dit-on, qu'à la faveur de certaines dispositions morphologiques du corps et des organes sexuels. C'est ainsi que les influences sensorielles, l'odorat, la vision, l'ouïe, le toucher et le goût permettront à la plupart des mammifères inférieurs de leur dicter un comportement érotique au travers de pratiques ordinaires, voire solitaires. Et d'orienter leur choix et d'en tirer un plaisir si particulier qu'il devient une incitation à reproduire inconsciemment l'espèce, une sorte de piège élaboré par l'évolution faisant d'un contact muqueux et de l'éjaculation l'orgasme du mâle, sinon de la femelle, qui la reçoit avec une sobriété qui contraste fortement avec le cri fauve de son partenaire.

La naissance d'un érotisme favorable à l'acte de reproduction en a accru les effets, en faisant de la copulation non seulement une obligation biologique, mais un plaisir. Un plaisir tel qu'il devint pour certains mammifères l'objet de pratiques dépourvues de tout dessein reproducteur, dont la recherche serait la réponse à peut-être quelque tourment sensoriel ou mental. Car il est indéniable que certains mammifères en recherchent, en dehors de la fornication, le bénéfice, en excitant leurs organes génitaux, zones érogènes de prédilection. Chiens, chats se masturbent avec leurs pattes, ou sur les jambes de leurs maîtres ; ânes, chevaux, cerfs en frottant leur pénis en érection sur la peau de leur abdomen, et bien d'autres de différentes manières. Certains d'entre eux s'adonnent à des contacts orogénitaux en solo.

Masturbation qui, chez les mâles, ne conduit pas forcément à l'éjaculation, mais qu'ils entretiennent compulsivement. Certaines femelles en chaleur, vaches ou orangs-outans, frottent leur sexe sur des objets solides, barrières ou arbres. Chez les primates, la masturbation est une pratique ordinaire. Nos cousins les chimpanzés, l'orang-outan et surtout les bonobos la pratiquent régulièrement, de même que l'homosexualité et la sodomie. Un bonobo sodomisant un partenaire vaincu démontre par là même sa supériorité, mais aussi l'attribution à l'acte sexuel d'un sens relationnel non dépourvu de sadisme. Les hominidés conditionneront leur sexualité selon les facteurs biologiques de la reproduction qu'ils partagent avec leurs prédécesseurs évolutifs, mais agrémentés de la participation, devenant dominante, de leurs capacités cognitives, de facteurs sociaux et chez les humains des facteurs culturels, religieux, et relationnels les plus divers.

Si la sexualité humaine est soumise aux mêmes lois biologiques de la reproduction que celle de l'animal, elle relève d'autres conditions. Nul doute, bien sûr, que l'homme se servit de la force de ses muscles pour écarter ses rivaux et soumettre la femelle au seuil d'une caverne, et plus encore celui qui, à l'image de l'homme de Cro-Magnon, élimina sans doute une grande part des Néandertaliens en homme de combat et même en fécondant leurs femmes, à la suite de quoi ces derniers disparurent. Qui oserait affirmer que l'homme d'aujourd'hui s'est éloigné de cette âpre compétitivité sexuelle ? Il ne fait aucun doute que de telles démonstrations n'appartiennent plus qu'à des moments horribles de l'histoire des hommes. Nous aimerions du moins le croire si des exemples contemporains n'en démontraient l'ignoble persistance en des pays où le viol est devenu arme de guerre. Il faut admettre que cette pulsion sexuelle ancestrale a pris désormais et communément dans les relations amoureuses le tour courtois que nos troubadours nous ont si joliment chanté, sans que pour autant ils effacent de leurs chants le trouble désir qui les inspire[4]. Il est heureux aussi que l'émergence des revendications des femmes à vivre leur propre sexualité, à contrôler leur désir de maternité se soient imposées grâce à la conjonction heureuse de la science et de l'évolution des mentalités d'un monde plus libéral. Certes, on est loin encore de l'égalité des sexes, même s'il se dessine en notre monde occidental une réelle tendance à en admettre la légitimité, à l'inscrire dans la loi. Mais ne doit-on pas admettre avec consternation que dans la plus grande partie du monde le statut des femmes reste tel que, dans leur immense majorité, il leur est imposé de se soumettre sans défense au désir et au pouvoir de l'homme ?

Comment ne pas voir dans ce triste constat l'ombre directe des mœurs sexuelles animales donnant au mâle les moyens de soumettre la femelle ? Comment en douter quand on sait qu'une longue tradition sociale en conservera l'héritage en soumettant l'existence de la femme à la volonté de l'homme ? Un état qu'imposa tout d'abord la faiblesse relative de la femme face à un partenaire musclé qui lui imposera le rôle de servante et de mère soumise, mais dont les rituels sociaux et religieux s'emparèrent et firent une règle quasi universelle. Sans que l'on s'en émeuve. L'abominable excision des femmes africaines les privant de toute tentation ou éveil érotique n'en est-elle pas l'expression la plus extrême ? Même les philosophes des Lumières ne concédèrent pas d'autre rôle à la femme que celui d'épouse et de mère, confinée à la maison afin d'élever les enfants et interdite de toute autre activité sociale ou professionnelle. Souvenons-nous de ce que Cabanis et Mirabeau, pourtant ardents réformateurs, recommandaient en 1790, en matière d'éducation des femmes. Ils ne les voulaient que reproductrices et femmes au foyer, n'hésitant pas à prétendre que leurs capacités intellectuelles ne leur permettaient rien d'autre. Seul Condorcet au même moment, et c'est à son honneur, prétendra en 1793 tout le contraire, souhaitera qu'elles reçoivent la même éducation que les hommes et puissent même voter. Une opinion loin d'être partagée et qui s'opposait à une tradition fortement ancrée dans la nature humaine.

Dès que l'homme put s'exprimer, ne vit-il pas en Ève la responsable de la perte du paradis alors même qu'elle n'était déjà qu'un sous-produit de la côte d'Adam ? Une pécheresse donc, incapable de résister à la tentation, faisant de la féminité un danger et, au travers de sa propre sexualité, ses menstrues, une offense à la pureté ? Ce thème, les religions n'hésitèrent pas à le reprendre qui, peu ou prou, subordonnèrent la sexualité à des pratiques sélectives, faisant d'elle un acte quasi exclusif de reproduction et, pour certaines, vouant même à l'Enfer toute quête érotique infertile. Mais, là encore, elles se montrèrent plus tolérantes avec les hommes dès l'instant où les grossesses répétées de leurs femmes, dussent-elles en mourir, en faisaient les fidèles adeptes. Cela ne troublait en rien leur plaisir et confortait naturellement leur statut de chef de famille que personne d'ailleurs n'osait contester. Une position sociale certes, mais qui n'en soumet pas moins la femme à la fois à l'homme et à l'Église, qui considérera pendant longtemps qu'il était de son droit de se mêler de ses façons d'aimer.

On ne peut nier que l'Église chrétienne s'est particulièrement intéressée à l'incidence érotique du plaisir féminin. Certains de ses membres les plus tolérants, se fiant aux dires des médecins, se réfugièrent derrière l'idée que l'orgasme féminin pouvait traduire une émission de semence se mêlant à celle de l'homme et, donc, favoriser la fécondation – ce qui en faisait un plaisir acceptable. On sait désormais que c'est faux, mais, intuitivement, ils n'avaient pas tort puisque l'on sait qu'il faut qu'un ovule migre dans la trompe utérine pour que les spermatozoïdes se portent à sa rencontre. C'est au moment de l'ovulation que l'orgasme féminin chez certaines femmes est le plus intense. Certes, sa « semence » n'a rien d'un éjaculat, mais s'apparente à une éclosion teintée de variantes hormonales favorables physiquement et psychiquement à l'accouplement. Ogino en fit une règle.

La découverte de ces faits biologiques par les médecins ne conduisit pas à reconnaître toutefois à la femme le même droit au plaisir que l'homme. Le XIXe siècle fut à cet égard étonnamment régressif. Pudibonderie, romantisme et, paradoxalement, pouvoir médical firent qu'on en vint à penser que la femme honnête n'avait pas de plaisir. N'allait-on pas jusqu'à dire qu'une femme en bonne santé se devait d'être frigide, de limiter au maximum les relations conjugales et d'être bien heureuse d'en devenir mère ? Bien sûr, la virginité restait un tel impératif que la perdre vouait à l'Enfer. Face à de telles convenances, on ne s'étonnait guère que les hommes, pour calmer leurs ardeurs, aient recours aux prestations des maisons closes, ce qui n'étonnait d'ailleurs personne.

L'héritage que firent les humains de la sexualité se traduisit ainsi dans l'histoire, jusqu'à une période récente, par une évidente soumission biologique et sociale de la femme. Yvonne Knibiehler dans son livre *La Sexualité et l'Histoire*[5] sait nous en dire les vicissitudes. Certes, convient-elle, les femmes assument de plus en plus de très grands rôles dans la société présente alors que « la fête de la libération sexuelle est finie ». On en pourrait conclure que les conquêtes sexuelles qui en ont résulté, la contraception, la liberté de décider à l'égale d'un homme d'une rencontre sans risque de grossesse leur ont assuré une égalité désormais pleine et entière. Un effacement progressif en quelque sorte de notre héritage ancestral et de la soumission de la femme au fatal rôle reproductif que la biologie lui impose. Heureux constat, sinon qu'il trouve ses contradictions dans la persistance du harcèlement sexuel, dans la violence domestique qui conduit à l'assassinat d'une épouse ou d'une concubine tous les six jours en notre pays, que la prostitution signifie esclavage des femmes, que la pornographie n'exalte que la soumission de la femme aux fantasmes souvent cruels, sadiques de l'homme, etc. On peut s'interroger avec Yvonne Knibiehler sur le rôle même des femmes considérant qu'une grande majorité d'entre elles en notre société continuent à ne se penser que selon des concepts masculins et à ne vivre leur sexualité qu'en fonction du désir des hommes. On peut même s'interroger sur la soumission en certaines sociétés à des lois barbares imposant un mariage forcé et à faire de leur virginité un tabou tel que la perdre hors mariage déshonore ou parfois même tue.

Ainsi suis-je contraint, à la lecture de ce capital événement que fut l'apparition de la sexualité, d'admettre que je suis le dépositaire d'un atavisme sexuel plein de surprises. J'ose croire en mon âme et conscience que si je ne fus jamais bridé par quelque conviction religieuse, mais bardé d'une belle éducation laïque, je fis de la femme dès mon adolescence un miroir magique. Certes, je fus adolescent et adulte bien avant que ne naisse la contraception chimique et mon éducation m'imposait de respecter ma partenaire féminine et d'assumer par là même les conséquences des gestes que je partageais avec elle. En cela fidèle à une éducation fort traditionnelle qui dotait tout homme de la responsabilité de ses actes dans une société fort peu laxiste. Mais n'en était-elle pas plus favorable à l'expression formelle de l'amour ? Le désir se lisait dans un regard, se devinait dans l'échange de trois paroles, se mesurait en un sourire ; une main offerte et c'était le possible départ d'une cristallisation.

Possible, dis-je, parce que chez cet adolescent butineur de sourires, cette cristallisation prenait ou ne prenait pas son départ. Mais si elle s'amorçait, un long temps lui serait imposé avant que du désir on ne parvînt au plaisir. La société lui imposait ce tempo, mais surtout, bien sûr, la biologie. Faire l'amour, c'était presque à coup sûr – sans précaution – procréer et forcer l'imagination à en peser les conséquences, partager la vie ou au moins la responsabilité d'enfants ou, à l'opposé, dépourvu de tout scrupule, en nier le risque et faire de la compagne d'un jour une fille-mère abandonnée. Propos d'autrefois qu'une fatalité biologique, résultante du rendez-vous d'un spermatozoïde et d'un ovule, conditionnait inéluctablement, et que la science désormais sait contrôler, empêcher, stimuler, voire dissocier de tout acte sexuel ou érotique.

Au moins semble-t-il que l'antique dominance du mâle soutenue par sa supériorité biologique, le pouvoir de son sperme, celui que la pilule a anéanti, ait laissé place à une apparente égalité des sexes dont il est possible qu'elle ne soit encore que partielle et utopique. L'art d'aimer en souffre-t-il ? Malmené par un surdosage d'érotisme ? Celui que la presse féminine exploite sous toutes ses pratiques au risque de porter le désespoir au cœur de celle qui ne saurait les connaître. Celui que le cinéma traite si crûment que l'on en vient à regretter la suggestion d'un baiser noyé dans un fondu enchaîné en noir et blanc.

Depuis la naissance de la contraception, la sexualité reproductive est désormais totalement différenciée de l'érotisme stérile. Comme se précise depuis peu l'idée qu'une procréation programmée puisse rester totalement indépendante de l'acte sexuel et donner naissance à des enfants ne portant les gènes que d'un parent, voire d'aucun, ce qui néglige le transfert d'une mémoire génétique dont la vie fit son profit, en bien comme en mal, et que ne possédera pas l'enfant doté d'un tout autre héritage. On peut s'interroger sur le devenir du couple hétérosexuel classique relativement à sa durée et à sa descendance. Ainsi cette finalité divine que l'observation biologique rend si improbable compte tenu des contingences vitales serait-elle remplacée par une finalité humaine qui se voudrait concurrentielle et programmable – faisant siennes des techniques efficaces, mais rompant à l'évidence les liens traditionnels entre parents biologiques et enfants, faisant du désir impérieux d'enfant l'œuvre de quelque autre ? Indiscutablement, la sexualité, héritée d'une longue évolution biologique cellulaire puis animale, se trouve désormais revisitée par une société dont il est légitime qu'elle en ait écarté l'oppression masculine, mais dont on peut craindre qu'en voulant dissocier les caractères sexuels biologiques (essentiellement hormonaux) qui définissent la masculinité et la féminité du « sexe ressenti » au travers de la notion de *genre,* elle n'ouvre une boîte de Pandore aux conséquences préjudiciables à cette harmonie sexuelle qu'il est si évidemment souhaitable d'atteindre.

XIV

Du corps et de l'âme

Loin de mon ancêtre LUCA dont je détiens en chacune de mes cellules le souvenir de ses premiers feux, il m'appartient en dernier ressort le pouvoir inouï de l'imaginer, d'en construire l'image théorique, ce que sans doute elle ne pouvait faire d'elle-même. Mais sait-on jamais ? Car s'il m'est donné de pouvoir le penser, c'est que basiquement j'en suis l'héritier et donc ce que matériellement je suis devenu, par cette filiation qui me lie à elle au travers d'une durée incommensurable, et d'une succession d'états dont je suis l'une des résultantes de hasard. Certes donc, capable de penser, de me situer dans le temps, de tracer la chronologie des événements vécus, d'en prévoir certains, ce dont fut doté avant moi cet *Homo sapiens sapiens,* taraudé par l'énigme de sa vie et de sa mort.

Il fut tentant de qualifier cette faculté de penser, celle qui nous différenciait apparemment du monde des animaux, d'un privilège insigne dont l'exclusivité relevait d'un don particulier fait à l'homme par une Puissance divine achevant

129

son œuvre, en tout cas le dotant d'une spiritualité exclusive faisant de lui l'organisateur génial ou médiocre de sa vie, le détenteur désigné de la notion du bien et du mal et le responsable de sa conduite devant celui qui les lui aurait confiés. Une capacité de penser doublée de celle de pouvoir s'exprimer par un langage, si surprenante qu'elle le distingua radicalement des autres êtres vivants. De quoi imaginer que ce privilège inouï puisse n'avoir été accordé que par un acteur conférant à l'homme un rôle si particulier qu'il lui en serait hautement redevable. Une énigme qui fera les beaux jours des philosophes et des théologiens jusqu'à ce que la science s'en mêle, et intervienne dans leur propos.

Je ne puis oublier en cet instant où j'évoque cette question si intrigante le souvenir des échanges que j'eus avec mon amie Laura Bossi à l'occasion de la lecture de son beau livre *L'Histoire naturelle de l'âme*[1], cette entité liée à l'animation du vivant dans son ensemble et nullement l'apanage de l'espèce humaine. Nous savons que Platon en distinguait une mortelle chez les plantes, mais aussi chez les hommes de mauvaise vie, une âme qu'il localisait alors dans la poitrine, en opposition avec l'âme immortelle et rationnelle du vertueux à laquelle il réservait une noble place, dans la tête, celle que la mort libérait de la prison du corps. Aristote en grand naturaliste s'attachait quant à lui à démontrer la décomposition de la nature en trois règnes, minéral, végétal et animal. Son *Histoire des animaux* fera ainsi état de 508 espèces réparties en 8 genres, incluant l'homme parmi les vivipares et il en fait le plus parfait des animaux, le seul raisonnable. Si l'âme des plantes est nutritive, dit-il, assurant la reproduction et la nutrition, il accorde aux animaux, doués de sensation, d'imagination et de mémoire, une deuxième âme sensitive et désirante. Mais seul l'homme, doué de raison, possède une âme pensante. Descartes proposera aux hommes la théorie la plus radicale en affirmant avec conviction qu'il existe dans l'Univers deux éléments qui ne peuvent se mêler : la matière (*res extensa*) et l'esprit (*res cogitans*). Ainsi le corps est-il à ses yeux totalement séparé d'une âme identifiée à l'esprit. Il fait des animaux des êtres en étant dépouillés et n'agissant que « par ressorts », leur refusant la capacité de réagir « par un principe intérieur semblable à celui qui est en nous, c'est-à-dire par les moyens d'une âme qui a des sentiments et des passions comme les nôtres ».

Il ouvrit un débat qui traversa les siècles et que reprend de nos jours et avec passion Antonio Damasio, neurophysiologiste dont les recherches ne peuvent laisser indifférent. Ainsi dans *L'Erreur de Descartes*[2] revient-il sur cette négation du corps qu'affirme celui-ci. Il prend soin de souligner son titre par cet additif : « Le corps dans le fonctionnement mental du cerveau », à la façon dont Pierre-Jean-Georges Cabanis le prétendit deux siècles auparavant dans ses *Rapports du physique et du moral de l'homme*[3]. Que nous dit-il ? Que l'idée commune porte à penser que le corps et le cerveau sont fonctionnellement séparés et qu'en réalité il n'en est rien et tout le prouve : « Quand nous voyons, nous entendons, nous touchons, goûtons ou sentons, le corps proprement dit et le cerveau participent tous deux à l'interaction avec l'environnement[4]. »

Lorsque je me prends pour exemple et que je regarde sur le chemin des douaniers qui longe la grande côte à Bourg-de-Batz, ma rétine n'est pas seule à transcrire les images qu'elle reçoit pour le cerveau auquel elle les transfère. Certes mon œil précise l'image, le cortex cérébral la traite, mais les muscles de l'œil interviennent aussi pour balayer l'horizon en un aller-retour continuel, source de nouvelles informations visuelles qui, depuis le cerveau occipital voué à la vision, prendront relais avec les autres régions du cortex cérébral. Mon corps entier se trouve enfin concerné, mes viscères réagissent inconsciemment aux images que je regarde, mais aussi à celles que ma mémoire a engendrées, celles que les mêmes lieux ont déjà déposées en moi, mais aussi, par association, beaucoup d'autres. En fin de compte je vais engranger le souvenir de cet instant par le biais d'une trace neurale toute spécifique. Et dans sa composition tout mon corps est intervenu, en partie inconsciemment. Il n'est donc pas passif.

Ainsi les représentations que mon cerveau a élaborées dans une telle situation et les mouvements qui en ont résulté dépendent d'intimes interactions réciproques entre mon corps et mon cerveau. C'est ainsi pour Damasio qu'au travers des sens et afin d'assurer la survie du corps dans son environnement, la nature a trouvé par hasard une solution extrêmement efficace : représenter le monde extérieur par le biais des modifications que celui-ci provoque dans le corps proprement dit. Dans la poursuite de son raisonnement il lui apparaît clairement que l'esprit en tant que substance en soi « non seulement n'a pas de sens, mais n'est en rien différent du reste du monde animal. Notre cerveau n'est que neurones comme chez eux, mais en nombre infiniment plus grand. Pour que s'élabore la conscience il faut que ces neurones s'animent au niveau du tronc cérébral, du thalamus, et du cortex, chacun d'entre eux jouant sa partition. L'élaboration de la pensée se fait de bas en haut, et non de haut en bas comme le supposent les philosophes "spiritualistes" pour lesquels l'esprit et l'âme partent du sommet qui serait leur siège ».

De nos jours il est acquis que l'homme partage avec les animaux le même système de base et il est difficile de prétendre le contraire. Dans le tronc cérébral se forment les images initiales, les *sentiments primordiaux,* qui permettent l'état de veille, de sentir notre corps vivant. Un « proto-soi » pour Damasio dont les structures sont « inextricablement attachées au corps ». Elles sont liées aux parties du corps qui bombardent en permanence le cerveau de leurs signaux et le sont en retour par lui. « Cela ne s'arrête qu'à la mort. » Les produits de ce proto-soi sont les sentiments primordiaux qui apparaissent spontanément et qui dès le réveil « donnent une expérience directe de notre corps vivant, sans mots, sans fards ». Ils sont la manifestation immédiate de la sensibilité.

On ne saurait croire cependant que la notion d'éternité puisse naître dans l'esprit d'un animal, quand bien même nous partageons avec lui des mobiles neurophysiologiques communs. Mais c'est cependant dans le tronc cérébral commun à tous que commence à s'élaborer l'esprit conscient. C'est dans le proto-soi que se forgent les sentiments plus complexes du soi, celui-ci se bâtissant par étapes successives un « soi-noyau » fixant les rapports entre l'organisme et l'objet et contribuant lui-même à la formation d'un « soi autobiographique » permettant de lier le passé aux anticipations de l'avenir. Ce sont les couches supérieures de ce soi autobiographique qui embrassent tous les aspects de la personnalité sociale (le moi-même et le moi spirituel).

L'homme a ainsi su développer sa conscience par rapport à d'autres espèces sans faire disparaître les processus non conscients préexistants. Il opère en permanence en jouant sur le conscient et l'inconscient en fonction du moment mais toujours avec le sentiment d'agir sous le contrôle du « soi ». Lorsque l'esprit est informé des actions de l'organisme, il ressent en effet un sentiment, signe que ces actions ont été engendrées par le soi. C'est ce sentiment, cette émotion, qui lui permet d'endosser la responsabilité morale de ses actes. Ainsi le corps fait-il la conscience. Le soi ou la conscience n'arrive dans aucune aire spéciale à eux réservée au centre du cerveau, mais au niveau du tronc cérébral supérieur, d'un ensemble de noyaux situés dans le thalamus et des régions particulières du cerveau. Le rôle de cette conscience est de préserver la vie efficacement. Dès que le cerveau fut capable d'engendrer des sentiments primordiaux, ce qui s'est produit assez tôt au cours de l'évolution, l'organisme se dota d'une forme précoce de sensibilité et lança le processus du soi, prémices d'un esprit conscient.

Il ne m'est pas indifférent d'apprendre que les reptiles, les oiseaux peuvent déjà y prétendre et, bien sûr, davantage encore les mammifères, tous possesseurs d'un soi-noyau. Les humains y ajoutent un soi autobiographique, mais sont-ils les seuls parmi les mammifères ? Il est suggéré que les loups, les grands singes, les mammifères marins et nos chiens domestiques en possèdent déjà quelques ébauches. Ce n'est qu'ensuite que s'est installé un soi social et un soi spirituel. Sans doute m'accuserai-je d'éprouver pour les démonstrations de Damasio une empathie dont on pourrait me reprocher qu'elle ne confine au sectarisme. Certes, mais ne lisais-je pas récemment cette affirmation de Richard Frackowiak de l'Université de Lausanne : « Nous sommes faits de matière et c'est de cette matière que naît la conscience[5] » ? Raccourci encore plus saisissant. Mais il est l'un de ceux qui s'efforcent au sein d'un projet international de « simuler la fonction du cerveau humain » (*Human Brain Project*). En cela il n'est nullement seul à imaginer modéliser la conscience. Christof Koch[6] n'hésite pas à dire que « la majorité des neurologues est persuadée que la modélisation du travail des neurones permettra de simuler la conscience ». Bien sûr, de fortes oppositions se dressent contre une telle simplification de la conscience même si restent nombreux ceux qui, tout en n'affirmant pas que la conscience est matière, ne nient pas cependant qu'elle est indissolublement liée à l'activité des cellules du système nerveux. Matérialistes unicistes contre dualistes, ce débat ne concerne pas que les neurophysiologistes et, à n'en pas douter, ébranle les conceptions philosophiques et psychologiques qu'une longue tradition et l'absence d'argument scientifique réservaient à ceux-ci. Quel regard peuvent-ils porter sur la théorie de l'information intégrée qui voudrait selon Giulio Tononi[7] qu'il existe un véritable continuum allant de l'absence totale de conscience à des niveaux de conscience très bas, ceux que l'on trouverait chez les animaux ou lorsque nous sommes partiellement éveillés, jusqu'à des niveaux de conscience supérieurs, le tout inscrit en une formulation mathématique capable de chiffrer ces différents états ? Théorie fonctionnaliste extrême et qui, de surcroît, ne s'appliquerait pas qu'aux neurones, mais à tout système échangeant de l'information – transistor, ordinateurs, planètes faisant du cosmos un endroit de conscience...

Ma conscience même n'est-elle donc que probablement matière, à l'unisson de tout ce dont je suis fait ? Assemblage moléculaire vibrant et transitoire, « poussières d'étoiles » s'étant agglutinées et dont la faculté de penser ne serait que l'ultime adaptation de cette fraction de vie à un environnement plutôt inhospitalier. Semblable à tout un chacun, mais riche d'un soi culturel et mental aussi déterminé et modifiable que son génome. Si proche de ces animaux dont il doit convenir avec le temps qu'ils sont non seulement frères en origine, mais craintifs et conscients devant l'arme qui les tue. Excellemment adaptable de surcroît au point d'enfouir au plus profond de lui-même cette monstruosité vitale qui l'oblige à les tuer pour survivre. Persuadé enfin, seul en sa conscience ou avec l'aide de Dieu et aussi son intérêt, qu'il ne faut « pas faire aux autres ce qu'il ne voudrait pas qu'on lui fasse », limitant autant qu'il se peut les effets rémanents de la longue et cruelle lutte pour la vie qui le fit. Peut-être capable enfin de s'imaginer tel un agrégat moléculaire, s'animant sous la forme et l'apparence qui, pendant un temps donné, lui auront été prêtées, mais source inépuisable à notre mort de millions d'associations moléculaires hésitant entre la matière et la vie. Une éternité atomique promise et agitée qui gardera de lui quelque infime part de sa propre vie.

Un sujet que j'abordais récemment avec mon grand ami Alain Cavalier au cours de l'un de ces dîners qui nous réunissent régulièrement chez Lipp. Ne me disait-il pas qu'il aimait méditer dans les allées du petit cimetière d'Auteuil, celui qui réunit selon leur vœu les tombes voisines de Mme Helvétius et de Cabanis ? Non pas qu'il ait un quelconque hommage à rendre à l'un des siens, même si sont nombreux les noms de ceux qui, gravés sur le marbre, le portent au rappel d'une gloire passée, mais parce qu'il y aime le calme qui règne entre ses murs alors que gronde tout alentour la rumeur aride de la cité. Mais aussi parce qu'il y éprouve, en son corps autant qu'en son âme, ce petit frisson qui lui confirme que toujours vivant il n'est que de passage. Avant le grand, celui dont l'inéluctable approche, minute après minute, saborde nos assurances, entache le regard que nous portons sur toute chose alors que nous le voudrions libre de toute arrière-pensée et n'exprimant que cette joie de vivre, ce leurre que nous entretenons malgré tout. Ces cimetières, dont la fréquentation nous est si odieuse lorsque l'on y porte ceux que l'on aime, nous sont aussi un lieu de mémoire, des racines salutaires, celles qui gardent en la terre la preuve concrète de souvenirs partagés, ne fût-ce qu'en ces os qui reposent sous la pierre, ceux que nous perçûmes en tenant cette main que nous adorions, derrière ces seins que nous caressions, en ce bassin qui nous reçut ou nous conquit avec tant d'amour.

Racines davantage encore en ce qu'en cette terre reposent aussi le secret inaltérable de notre naissance et ces ADN à partir desquels notre formule vivante fut pariée, comme si tout cimetière n'était qu'une banque de données, où se terrent les plus intimes sources de ce que nous sommes, conformes à ce que l'on croit ou à ce qui est vraiment, et parfois aussi aux plus incroyables impostures. Aussi, en compagnie de tous ces restes que nous faisons vibrer de nos pas, ne jouissons-nous pas de ce lien étrange que noue notre pensée en alerte avec le mutisme de tous ceux dont les voix éteintes furent en la même circonstance les mêmes que la nôtre ? Ils ont anticipé leur propre mort dans ces allées que nous parcourons, comme nous le faisons nous-mêmes.

Je sais que d'autres traditions, et la nôtre qui s'y rallie peu à peu, préfèrent réduire en cendres, c'est-à-dire anéantir le corps de ceux qu'ils aimèrent. Je ne partage pas leur choix, car anéantir ceux qui nous ont faits, c'est détruire à jamais les preuves d'une existence que seul le cadavre recèle, laquelle peut être essentielle à ceux qui nous suivent et nous suivront, comme en témoignent Lucy ou les hominidés qui, au travers de centaines de milliers d'années, voire de millions d'années, nous ont livré, au hasard ténu de leur découverte, une part du secret de nos origines. Anéantir physiquement nos morts, si cela devenait systématique, reviendrait, en somme, à détruire définitivement l'histoire de l'homme à venir.

Je veux bien que la pensée des parents d'incinérés vaille amplement celle de celui qui va se recueillir sur une tombe qu'il visite et que le lien virtuel au disparu se suffise en lui-même, et cela d'autant plus que certains croient en la survivance de leur âme, quelque part en ces cieux qui nous attendent. Je ne crois pas en l'existence de l'âme, mais j'imagine que ceux qui la croient présente autour d'eux la lient volontiers au corps qu'ils ont porté en terre et auquel la résurrection promet sûrement quelques retrouvailles. Je me souviens qu'adolescents nous nous confiions que, la nuit, dans le cimetière du village, l'âme des morts prenait l'aspect de feux follets, ce que d'aucuns soutenaient avoir vu et nous effrayait.

Enfant, le cimetière nous reste inconnu jusqu'à ce que l'un de nos morts nous force à l'y accompagner. Auparavant il n'est souvent pour nous qu'un enclos muré d'où émergent quelques croix de pierre et où nos parents portent rituellement des fleurs. Le cimetière ne prit en réalité pour moi sa véritable signification que lorsque j'y portai mon père. J'avais 13 ans. Je n'avais jamais cru cela possible et pourtant c'était. J'étais alors vierge de malheur. Bien sûr il y avait eu la guerre, son départ, sa captivité, mais il y avait eu son retour. La belle Normandie qui le reçut allait vivre l'enfer de son été 1944. Un enfer dont nous sortîmes et dont nous crûmes qu'après lui tout redeviendrait possible et le bonheur une grâce méritée. Mais il mourut. Ce jour de novembre 1944, Paris était en fête ; de Gaulle et Churchill se retrouvaient sur les Champs-Élysées pour célébrer la victoire et confirmer pour l'histoire l'importance de leur orageuse amitié. C'était pour ma mère et ses trois garçons la fin d'une belle histoire, celle de notre famille, la seule en vérité à laquelle nous ayons cru jusqu'alors et au-delà de laquelle il n'y avait rien. Elle s'était nichée dans les écoles de mon père et confinée en ses limites, cela lui suffisait.

La tombe était fraîchement ouverte en ce cimetière de Saint-James, un simple trou où l'on déposa le cercueil de celui dont, soixante-neuf ans plus tard, je garde le souvenir quasiment exclusif de son regard. Sa voix m'échappe, sa silhouette est vague ; je le sais petit, partiellement chauve déjà, portant un front immense, mais ses yeux illuminaient son visage, brillaient d'une vraie et constante bonté, celle que tous ceux qui le connurent chantèrent longtemps et chantent encore. Ils paraissaient allumés pour les autres. C'était lui que l'on mettait sous mon propre regard en terre après l'avoir porté sur cette allée du cimetière où crissaient les pas de tous ceux qui l'accompagnaient.

Ce crissement des graviers, détail incongru qui m'avait alors frappé et dont j'avais retenu les grinçantes nuances, je l'ai retrouvé pendant longtemps, à chacune de mes visites, de même que l'image de la croix de granite qui marquait le départ de l'allée ; c'était à chaque fois comme la répétition de la scène que j'avais vécue en ce funèbre jour et cela ne me déplaisait pas, au contraire. Récemment le gravier a été remplacé, la croix déplacée. Seuls mes souvenirs sont preuves de ce qui fut.

Depuis, j'ai porté ma mère en ce cimetière. Je l'ai reconduite dans la tombe « relevée » de mon père dont je n'ose imaginer ce qu'il en restait. Au moins sont-ils là tous deux pour toujours mêlés à cette terre grasse qui se charge de disperser jour après jour l'architecture biologique qu'ils furent en d'autres formes si tendrement vivantes. Là aussi pour moi, seul désormais de la fratrie, ayant porté en terre mes deux jeunes et brillants frères, seul détenteur des souvenirs de leurs vies, des scènes mémorables de celles-ci, de leur bonheur de parents, en receleur direct de leurs gènes auxquels je dois d'être ce que je suis, c'est-à-dire aussi une part d'eux-mêmes. Ils disparaîtront une nouvelle fois avec moi et, dans un siècle, leur souvenir flottera comme une vague pensée que l'un de leurs descendants effleurera avant qu'il ne s'évanouisse dans la course du temps.

XV

La pièce est jouée

« Acta est fabula. »

AUGUSTE sur son lit de mort.

En ouvrant la villa qui m'accueillait pour l'été, j'avais prévu d'écrire la biographie de l'un de ces confrères qui, non élus par leurs pairs, furent installés d'autorité par l'empereur Napoléon dans les fauteuils vacants de l'Académie française. J'avais avec moi les lourds documents amassés tout au long de l'année pour que j'en aborde l'écriture. Il n'en fut rien et je m'étonne encore de l'impérative pression qui m'engagea à résumer ce que par ailleurs je pensais savoir de mon humaine condition, conscient que l'aventure matérielle de l'homme, celle de sa genèse, dépassait de loin tous les contes que depuis la nuit des temps on lui impose.

Non pas que j'eus le souci de m'opposer à tous ceux qui trouvent dans ces contes les raisons d'espérer, seraient-elles totalement utopiques ou poétiques, mais tout simplement de faire

143

le point pour moi-même de ce que mes études, ma carrière m'avaient apporté ; en quelque sorte ce que ma bibliothèque mentale personnelle, que la mort, qui n'est guère lointaine, va disperser, contient de certitudes scientifiques ou de ce que modestement j'en ai compris et retenu, capables de préciser, aussi bien pour moi-même que pour les autres, ce qu'est un homme et ce qu'il peut penser du sens de sa vie.

Situation ordinaire, direz-vous, et ambitieuse de surcroît ? Sujette à caution, comme ne manqueront pas de le dire nombre de spiritualistes qui préfèrent imaginer qu'ils ont un rapport personnel avec quelque puissance divine. Mais n'y a-t-il pas davantage d'ambition et d'audace à prétendre que leur vie puisse intéresser un Dieu ? Je ne sais si l'assurance qu'ils cultivent d'une vie ailleurs, après leur mort, est plus confortable que le doux lit de la connaissance qui permet au moins de situer objectivement leur existence dans le long fil de la vie et de connaître les ressources admirables qu'elle offre, tout aussi bien à leur corps qu'à leur pensée. Certes, me direz-vous, comme mon ami Jean-Luc Marion, fervent chrétien, nous verrons bien qui de nous deux aura perdu, moi qui crois retrouver le néant ou lui qui suppose garder quelque conscience immortelle. Comme il serait agréable de se pouvoir le dire ? Mais je doute fort quant à moi qu'on puisse jamais se le dire même si nos atomes en gardent quelque mémoire.

Ainsi aurai-je tenté de résumer pour moi ce que je crois savoir « être ». Nul doute que ma vocation de médecin et de biologiste m'ait orienté vers les hypothèses que je rapporte, mais nul doute aussi que mon scepticisme n'a modifié en rien mon rapport au prochain. Profondément persuadé de la nature matérielle exclusive de l'homme en sa vie et sa conscience ainsi que de l'espace qui lui est donné de vivre entre un néant d'avant et un néant d'après, tous deux dépourvus de mémoire, je n'en reste pas moins conscient du hasard qui fit de lui ce qu'il est, fragile et pathétique et pour cela d'autant plus respectable qu'on en perçoit la dure vérité. S'il doit être heureux, c'est ici sur terre qu'il le sera et non ailleurs. Aucune raison de reporter à plus tard ce que nous lui devons, respect et assistance, et en cela tout ce que la laïcité apprit de la longue pratique chrétienne qui régna sur nos terres et que partagent à ce jour plus d'un milliard d'hommes et de femmes.

Est-il incompatible d'échanger ces valeurs en toute connaissance de ce qu'est vraiment l'homme, son origine, ce fruit du hasard, mais doué de pensée plus que tous autres et responsable non seulement de son destin, mais de celui du monde vivant, de la vie, et de cette Terre qui l'abrite ? Même conscient de ce que sa vie n'est qu'un passage, voire pourvu d'une survie s'il y croit, comment pourrait-il oublier que même notre planète n'est que passage, que le rapprochement de notre galaxie de celle d'Andromède nous promet dans 2 milliards d'années des chambardements incroyables, que notre soleil grandira, consumera ses planètes et qu'aucune mémoire ne restera de ce que nous fûmes, de nos vies, de nos histoires, de nos religions, rien, absolument rien, sinon un nouveau départ vers d'autres solutions parfaitement aléatoires et de si indéterminée façon qu'elles ne reproduiront en aucun cas ce qui exista.

La Baule-les-Pins, 5 septembre 2013.

Notes

II

Passant, te sais-tu né des étoiles ?

1. Jean Soler en son *Qui est Dieu ?* (de Fallois, 2012) fait un remarquable historique sur la généalogie du dieu « Dieu » telle qu'il l'a reconstituée à partir des acquis de la recherche scientifique. Il a consacré trois volumes *Aux origines du Dieu unique* chez le même éditeur sous les tires suivants : *L'Invention du monothéisme*, *La Loi de Moïse* et *Vie et Mort dans la Bible*.

III

Le temps fuit, irréparable

1. Le réductionnisme est la théorie matérialiste qui limite la vie à la seule nécessité de se perpétuer.
2. Pour Jean Chaline dans *Un million de générations* (Seuil, 2000), on ne compte pas moins de 1 200 000 générations depuis que notre ancêtre commun se distingua des singes. Les hommes modernes, évoluant depuis 180 000 ans sur notre planète, n'en comptent pas moins de 14 000.

IV

Et pourtant, elle tourne !

1. André Brahic, *De feu et de glace*, Odile Jacob, 2012.
2. Steven A. Benner « Planets, minerals and life's origin », *Conférence Goldschmidt*, 2013.
3. Thrin Thanh Huan, astrophysicien, auteur de nombreux ouvrages dont *Le Cosmos et le Lotus* (Albin Michel, 2011).
4. Une autre théorie suppose que ce fut une part de Vénus qui fut capturée par la Terre et mise en orbite autour d'elle.
5. La notion de contingence a été définie en biologie comme la succession de hasards et d'aléas qui marquent les étapes évolutives du monde vivant. Celle-ci fut utilisée pour la première fois par François Jacob, *La Logique du vivant* (Gallimard, 1970) et par Jacques Monod, *Le Hasard ou la Nécessité. Essai sur la philosophie naturelle de la biologie moderne* (Seuil, 1970). Le terme a été repris par Stephen Jay Gould dans *La Vie est belle. Les surprises de l'évolution* (Seuil, 1991), en faisant un élément majeur de l'évolution.

V

Ne sommes-nous vraiment qu'atomes en sarabande ?

1. Richard Dawkins biologiste britannique, théoricien de l'évolution, ardent défenseur du rationalisme, auteur de très nombreux ouvrages dont *Pour en finir avec Dieu* (Robert Laffont, 2008) qui fit grand bruit de même que ses entretiens avec Stephen Jay Gould.
2. Hubert Reeves, astrophysicien franco-canadien, auteur, entre autres ouvrages, de *Poussières d'étoiles* (Seuil, 1984).
3. Yves Pouliquen, *Félix Vicq d'Azyr, les Lumières et la Révolution*, Odile Jacob, 2009.
4. Yves Pouliquen, *Cabanis, un idéologue. De Mirabeau à Bonaparte*, Odile Jacob, 2013.

VI

Et pourquoi la mer ?

1. Il faudra à la Terre quelques dizaines de millions d'années pour qu'elle atteigne sa taille actuelle et sa densité. C'est pendant cette longue période de gestation que, *prototerre*, notre planète, sous l'effet de la gravité, va accumuler fer et nickel en son centre, créant ainsi son noyau métallique, tandis que les éléments les plus légers tels le silicium, l'oxygène, ou alcalins vont former son manteau et sa croûte. L'eau n'y était alors qu'à l'état de traces.
2. Bernard Marty, « Une pluie de météorites à l'origine des océans », *Les Dossiers de la recherche*, août 2009, n° 36. Bernard Marty est professeur à l'École nationale supérieure de géologie de Nancy et membre du CNRS.

VII

Et c'est ainsi que tout commença

1. Professeur de biologie et de biochimie à l'université Pierre-et-Marie-Curie, spécialiste de l'évolution moléculaire des origines de la vie. Voir « Des chemins différents qui ont conduit à la vie », *La Recherche*, février-mars 2013, n° 2.
2. Stanley Miller, biologiste américain (1930-2007) à l'Université de Chicago qui, avec Harold Urey (1893-1981), est considéré comme le père de la chimie des origines de la vie sur la Terre.

VIII

6×10^{30} bactéries, et nous et nous...

1. Hubert Reeves, astrophysicien à l'Université de Montréal, auteur de nombreux ouvrages dont *Poussières d'étoiles* (Seuil, 1984).
2. Carl Woese (1928-2012), microbiologiste américain de l'Université de l'Illinois, grand spécialiste des archées.
3. Walter Gilbert, biochimiste, médecin, pionnier en biologie moléculaire, colauréat avec Frederick Sanger du prix Nobel de chimie en 1980.
4. Résultant de l'union d'un nucléoside (formé d'une base azotée purique ou purymidique et d'un glucide, le ribose ou le désoxyribose) avec l'acide

phosphorique intervenant dans le métabolisme de la cellule (ATP) et entrant dans la composition des acides nucléiques.

5. Alexandre Meinesz, *Comment la vie a commencé. Les trois genèses du vivant*, Belin, 2013.

6. *Ibid.*

7. *Ibid.*

8. Lorsque l'otage finit par développer une empathie pour son ravisseur.

9. Lorsque le ravisseur éprouve de l'empathie pour son otage.

10. Alexandre Meinesz, *Comment la vie a commencé, op. cit.*

11. Voir *infra*.

12. Ce réseau se décompose en réticulum endoplasmique, appareil de golgi, lysosomes, etc.

13. Abderrazak El Albani, professeur de géologie à l'université de Poitiers-CNRS, *Les Dossiers de La recherche*, mars 2013, n° 2.

14. Ces fossiles correspondraient à des colonies bactériennes transformées en pyrite par des bactéries sulfato-réductrices.

15. Emmanuelle Javaux, biologiste et géologiste de l'Université de Liège, *Les Dossiers de La Recherche*, mars 2013, n° 2.

16. Quatre ères se succèdent : l'hadéen entre 4,6 milliards d'années et 3,8 milliards ; l'archéen entre 3,8 et 2,5 milliards d'années ; le protérozoïque entre 2,5 milliards et 600 millions d'années ; le phanérozoïque entre 600 millions d'années et 4 millions d'années.

17. Alexandre Meinesz, *Comment la vie a commencé, op. cit.*

IX

Une tante très lointaine : l'éponge

1. Ainsi chez la levure de champignon, deux tiers des gènes proviennent d'eubactéries et un tiers d'archées. Voir Alexandre Meinesz, *Comment la vie a commencé, op. cit.*

2. Le chercheur Bernard Degnan de l'Université de Queensland souligne que l'exploration de la fonction génétique des cellules souches des éponges pourrait « fournir des liens profonds et importants aux gènes qui ont influencé la biologie des cellules souches chez l'homme », voir RFI.fr/science, août 2010.

X

Et advint l'explosion du vivant

1. Alexandre Meinesz, *Comment la vie a commencé, op. cit.*
2. Stephen Jay Gould, *La Vie est belle. Les surprises du vivant*, Seuil, 1991. L'explosion du cambrien se situe entre 542 et 530 millions d'années et désigne l'apparition – à l'échelle géologique fossile – de la plupart des grands embranchements actuels des métazoaires ainsi qu'une plus grande diversité des espèces animales, végétales et bactériennes. Les schistes de Burgess en ont conservé les empreintes. À noter que l'on y a identifié sous le nom de Pikaia (4 cm de long) le premier possesseur d'une chorde, future colonne vertébrale caractérisant les vertébrés.
3. C'est l'étoile de mer qui a permis à André Picard, directeur de recherche au CNRS, d'identifier le facteur (une protéine kinase spécialisée) qui déclenche la division cellulaire, facteur universel qui ouvre de grandes perspectives dans la compréhension du cycle de la cellule et de la prolifération cellulaire dans le cancer. Voir « Biologie cellulaire : les leçons de la mer », *Le Journal du CNRS*, 2004, n° 178.
4. Alexandre Meinesz, *Comment la vie a commencé, op. cit.*

XI

Du génie du vivant

1. Yves Pouliquen, *La Transparence de l'œil*, Odile Jacob, 1992.
2. Douglas Erwin, paléobiologiste du Smithsonian Museum of Natural History de Washington DC et professeur à l'Université de Santa Fe.
3. Eric Davidson, biologiste et généticien de l'Institut de technologie de Californie.

XII

Des mutations à la sexualité

1. James D. Watson, généticien biochimiste, prix Nobel de physiologie et de médecine en 1962.

2. Francis Crick (1916-2004), biologiste, prix Nobel de physiologie et de médecine en 1962.

3. Mooto Kimura (1924-1994) de l'Université de Tokyo, puis du Wisconsin, prix Darwin 1992, considéré comme le plus grand généticien évolutionniste.

4. Pour Alexandre Meinesz, *Comment la vie a commencé, op. cit*, ces modifications sont « aléatoires dans le sens où elles sont probables, attendues ».

5. *Ibid.*

6. *In* Alexandre Meinesz, *Comment la vie a commencé, op. cit.*

7. Richard Dawkins, *L'Horloger aveugle*, Robert Laffont, 1989.

8. Voir Alexandre Meinesz, *Comment la vie a commencé, op. cit.*

9. *Ibid.*

10. *Ibid.*

11. Steven Benner, « La possible origine martienne de la vie en débat », *Le Figaro*, 29 août 2013.

XIII

De l'obligation de s'accoupler

1. Jacques Monod (1910-1976), biologiste, biochimiste de l'Institut Pasteur, colauréat avec François Jacob et André Lwolff du prix Nobel de physiologie et de médecine 1965, auteur du *Hasard et la Nécessité* (Seuil, 1970).

2. François Jacob (1920-2013), biologiste, Institut Pasteur, colauréat avec Jacques Monod et André Wolff du prix Nobel de physiologie et de médecine 1965, auteur de *La Logique du vivant, une histoire de l'hérédité* (Gallimard, 1970).

3. Richard Dawkins, *L'Horloger aveugle, op. cit.*

4. Michel Zinc, *Les Troubadours. Une histoire poétique*, Perrin, 2013.

5. Yvonne Knibiehler, *La Sexualité et l'Histoire*, Odile Jacob, 2002.

XIV

Du corps et de l'âme

1. Laura Bossi, *Histoire naturelle de l'âme*, PUF, 2003.

2. Antonio Damasio, *L'Erreur de Descartes*, Odile Jacob, 2006.

3. « Sentir, c'est penser », disait Cabanis ; « Je suis, donc je pense », dit Damasio.

4. Antonio Damasio, *L'Erreur de Descartes, op. cit.*

5. *In* Anne Debroise, « La science pourra-t-elle expliquer la conscience ? », *La Recherche*, août 2013, n° 478.

6. Directeur scientifique de l'Institut Allen des sciences du cerveau à Seattle. Voir Anne Debroise, « La science pourra-t-elle expliquer la conscience ? », art. cit.

7. *In* Anne Debroise, « La science pourra-t-elle expliquer la conscience ? », art. cit. ; voir aussi Giulio Tononi, *Galilée et la photodiode. Cerveau, complexité et conscience*, Odile Jacob, 2006.

Remerciements

Mes remerciements à madame Odile Jacob et à Marie-Lorraine Colas pour l'aide qu'elles m'ont apportée dans l'édition de cet ouvrage.

Table

DU MÊME AUTEUR
CHEZ ODILE JACOB

Cabanis, un idéologue. De Mirabeau à Bonaparte, 2013.

La Transparence de l'œil, nouvelle édition, 2011.

Lunettes ou laser ? Choisir sa vision, 2011.

Félix Vicq d'Azyr, les Lumières et la Révolution, 2009.

Le Médecin et le Dictateur, 2008.

Mme de Sévigné et la médecine du Grand Siècle, 2006.

Discours de réception de Yves Pouliquen à l'Académie française et réponse de Michel Mohrt, 2004.

Le Geste et l'Esprit. La nouvelle ère de la chirurgie, 2003.

Un oculiste au siècle des Lumières. Jacques Daviel, 1999.

Les Yeux de l'autre, 1995.

Imprimé par Lightning Source France
1 avenue Gutenberg
78310 Maurepas

N° d'édition : 77381-3144-Y